加锚节理岩体宏细观剪切蠕变特性及本构模型研究

宋　洋◎著

重庆大学出版社

内容简介

本书从节理岩体常规力学特性研究逐渐拓展至加锚节理岩体剪切蠕变力学特性及本构的研究分析,内容层次力求精简清晰,讲求实用。

全书共 6 章,主要包括节理岩体常规力学性质(单轴压缩、循环加卸载)及其能量演化规律,加锚节理岩体宏细观剪切特性,加锚节理岩体单轴蠕变特性、加锚节理岩体宏细观剪切蠕变特性及本构模型研究等。

本书可作为高等工科院校土木类本科生、研究生的学习教材,还可供相关工程研究人员参考。

图书在版编目(CIP)数据

加锚节理岩体宏细观剪切蠕变特性及本构模型研究 /
宋洋著. -- 重庆:重庆大学出版社,2021.6
ISBN 978-7-5689-2629-4

Ⅰ.①加… Ⅱ.①宋… Ⅲ.①锚固—节理岩体—剪切
蠕变—研究 Ⅳ.①TV223.3

中国版本图书馆 CIP 数据核字(2021)第 092208 号

加锚节理岩体宏细观剪切蠕变特性及本构模型研究

宋 洋 著
策划编辑:范 琪 邓 昊
责任编辑:姜 凤 版式设计:范 琪
责任校对:王 倩 责任印制:张 策

*

重庆大学出版社出版发行
出版人:饶帮华
社址:重庆市沙坪坝区大学城西路 21 号
邮编:401331
电话:(023) 88617190 88617185(中小学)
传真:(023) 88617186 88617166
网址:http://www.cqup.com.cn
邮箱:fxk@ cqup.com.cn(营销中心)
全国新华书店经销
重庆巍承印务有限公司印刷

*

开本:787mm × 1092mm 1/16 印张:12 字数:228千
2021 年 6 月第 1 版 2021年6月第 1 次印刷
ISBN 978-7-5689-2629-4 定价:68.00 元

前　言

　　"岩体力学"作为岩土工程专业基础专业课,是从事土木工程专业人员必备的专业课程。但岩体力学涉及范围广,研究难度大,工程情况复杂。本书以岩体力学基础理论为基础,与工程实际相结合,着重研究加锚节理岩体剪切蠕变力学特性。

　　为了使读者更好地了解加锚节理岩体剪切蠕变力学特性,本书编写遵循以下原则:从节理岩体的单轴压缩、循环加卸载受力路径研究,结合声发射试验进行节理岩体常规力学性质及能量演化分析。进而有针对性的对单条加锚节理岩体进行更深入的剪切试验研究。研究考虑了节理角度、粗糙度,通过宏细观相结合的方法进行了节理面变形破坏的规律探究。在此基础上,首先针对加锚节理岩体进行了单轴蠕变试验,分析了岩体蠕变变形及锚杆预应力损失相关规律及本构模型的相关问题。其次针对加锚节理岩体剪切蠕变特性进行研究,通过采用新元件与 CT 扫描-三维重构相互联系。最终从宏细观相互结合的角度得到了更贴合实际的本构模型及剪切蠕变特性的相关规律。

　　本书的研究工作得到了国家自然科学基金(51974146)的资助,特此向支持与关心作者研究工作的所有单位和个人表示衷心的感谢,感谢出版社同仁为本书出版付出的辛勤劳动。书中有部分内容参考了有关单位或个人的研究成果,均已在参考文献中列出,在此一并致谢。

　　由于著者学识有限,书中难免存在不当和疏漏之处,恳请读者批评指正。

著　者

2020 年 10 月于阜新

目　录

绪
论 1

✱ 1.1　研究背景与意义

　　近年来,伴随着我国经济快速发展,一些关系到国计民生的大型深部岩体工程相继实施:自 2011 年"十二五"规划纲要的提出以来,川藏铁路的建设与日发展。随之而来将要面对的是高地应力状态、断层、断裂带分布密度大、岩体软弱等施工难题。仅拉萨至林芝段(以下简称"拉林段")铁路工程就存在 18 条断裂带。拉林段为一级风险隧道,其中,巴玉隧道是拉萨至林芝段铁路工程中需要攻破的重中之重,隧道全长 13 037 m,超过 2 000 m埋深,属于深埋隧道;达嘎拉隧道是拉萨至林芝段铁路隧道中最长的隧道,隧道全长17 324 m,最大埋深达 1 760 m,隧道范围内存在软弱岩体,在高地应力状态下导致其时效变形程度较为明显。川藏铁路雅安至康定段铁路工程地层自震旦系至第三系(除寒武系)地层均有分布,岩性种类繁杂,主要出露有泥岩、页岩等碎屑岩,花岗岩、钾长花岗岩等岩浆岩,大理岩、片岩等变质岩。地质构造复杂、地震活动剧烈、高地应力、岩体软弱等是隧道建设面临的诸多地质难题;川藏南线四川省甘孜藏族自治州巴塘段(即国道 318 线海子山—竹笆笼段,以下简称"海竹段")被称为"生命禁区的高原公路隧道地质病害博物馆"。在海竹段的 127 km 的施工长度中,隧道长度占 11 361 m。由于隧道洞身埋深较大,处于高地应力状态。当铁路隧道穿越炭质千枚岩为主的极软岩时,受时间作用影响,极容易产生大变形、蠕变变形等工程灾害。锚杆锚固对控制围岩稳定效果突出且应用范围广泛,但锚杆与节理岩体间的力学作用机理难以准确把握,锚固节理岩体力学行为不明确,锚固理论落后于工程实践,导致许多锚固工程设计只能采用经验、半经验方法[1-2]。因此,探究节理岩体时效锚固机制对完善锚固理论和解决锚固工程实践问题具有重要意义。

✳ 1.2　加锚节理岩体力学特性国内外研究现状

1.2.1　加锚节理岩体剪切力学特性

很多学者在研究锚杆锚固机制时,只考虑了锚杆的轴向作用,未考虑锚杆的抗剪切作用。近年来,诸多学者已经认识到锚杆横向抗剪作用对岩体加固效应的重大贡献,开展了一系列锚杆剪切试验研究,得到了许多指导性的结论。国外关于锚杆抗剪力学效应研究的开展较早,Bjurstrom[3]首先开展了锚杆横向抗剪切试验研究,指出锚杆的横向抗剪作用能限制节理岩体的层间错动,较好地维持了节理岩体的整体稳定性。Fuller 和 Cox[4]考虑锚杆在节理面处的剪切变形及转角位移,建立了节理面处锚杆抗剪作用计算模型,该模型较好地反映了锚杆的横向抗剪作用。李术才等[5]应用断裂力学与损伤力学理论,对复杂应力状态下脆性断续节理岩体的本构模型及断裂损伤机制进行研究。根据应变能等效的方法和自洽理论,建立加锚断续节理岩体在压剪、拉剪应力状态下的断裂损伤本构模型,并且建立了裂纹在压剪和拉剪状态下的损伤演化方程。刘才华等[6]从结构控制稳定的角度出发,系统地分析节理岩体锚固机制研究的工程背景和科学意义,探讨拉剪作用下节理锚杆的力学与变形演化规律,揭示基于岩石/浆体与锚杆相互作用的节理岩体内在的锚固机制,对比分析节理岩体锚固弹性地基梁模型和结构力学模型的优缺点。腾俊洋等[7]在分析锚固方式和层理对加锚岩石力学特性的影响规律时,分别对试件进行端部锚固和全长锚固,从而得到不加锚杆、端部锚固、全长锚固 3 种试件变形和强度特征。张波等[8]采用相似材料制作含交叉裂隙岩体无锚及加锚试件,以主次裂隙之间角度、锚固位置及锚杆与加载方向之间角度为变化参数,对试件进行单轴压缩试验,研究含交叉裂隙节理岩体的锚固效应及破坏模式。Zhang 等[9]分析了含预制交叉裂隙加锚岩石的力学性质,指出交叉裂隙岩石单轴抗压强度高于单裂隙岩石。Kilic 等[10]研究了锚杆承载力的影响因素。Grasselli[11]对含两条预置平行节理的类岩石材料试件开展了直剪试验,试验表明,锚杆与节理面法向夹角越大,则节理面的剪切位移就越小。Li 和 Stillborg[12]提出了含单一节理锚杆加固时锚杆受力解析模型。汪小刚等[13]研究在不同法向力、预应力和锚固情况下锚索对平滑节理面抗剪性能的影响,利用对比试验将销钉力、预应力和轴力增量 3 种力的抗剪作用分离出来,着重探讨了在剪切过程中 3 种力对节理面的抗剪贡献,并分析了锚索模拟体的破坏形式。王平等[14-15]研究锚杆对裂隙岩体的锚固机制及其影响因素,对预制锚固单排裂隙试件进行单轴破断试验,提出了主控裂纹的概念。后续研究了裂隙岩体锚固作用机理,采用水泥砂浆预制不同倾角的裂隙试件,在裂隙上下两端一定距离预埋 GFRP(玻璃纤维塑料筋材)锚杆制作加锚裂隙试件进行单轴压缩试验。李育宗等[16]探讨拉剪作用下节理岩体锚固的受力与变形的演化规律。Jalalifar 等[17]通过锚杆的双剪切试验,研究了不同预应力水平、不同围岩强度对锚杆变形、受力及破坏特征的影响。Chen 和 Li[18]尝试了新的测试方法,并开展传统锚杆与新型耗能锚杆的剪切试验,发现锚杆上轴力与剪力的合力方向与锚杆位移的方向并不重合。Srivastava 和 Singh[19]研究了锚杆数量对加锚节理面抗剪性能的影响。周辉等[20]制作了含 30°,45°,60°的预制裂隙试件,通过分析室内单轴压缩试验研究预应力锚杆的锚固止裂效应,得到了一系列结论。王刚等[21]基于 PFC 中 FISH 语言,采用双线性锚杆本构模型对岩体加锚节理面在剪切荷载作用下的力学行为进行数值模拟研究,通过变化锚杆刚度和浆体强度,深入研究岩体结构面-浆体-锚杆相互作用下锚固体系宏细观力学响应。位伟等[22]建立了节理面附近锚杆的梁单元模型。刘爱卿等[23]利用配置的混凝土块体模拟围岩,采用节理直剪的方式,研究了 40,80 kN 两种预紧力下锚杆对节理岩体抗剪性能的影响。Chen[24]提出了加锚岩体的三维复合单元模型。

1.2.2　加锚节理岩体多尺度剪切时效性

郎颖娴等[25]采用 CT 扫描技术、边缘检测算法、滤波算法、三维点阵映射与重构算法,并结合有限元进行计算,建立了可以反映岩体内部细观结构的三维非均匀数值模拟方法。Bubeck 等[26]利用 CT 扫描技术确定岩石中孔隙的形状特征,并采用数值模拟方法研究不同孔隙形状对岩石强度的影响。Okabe 等[27]利用多点统计法从图像中得到试件结构特性,然后利用这些特性获得多孔介质模型。陆银龙等[28]基于连续介质力学理论,提出了一种表征真实岩石介质的宏-细观双尺度概念模型。依据细观尺度下微裂纹瞬时扩展和亚临界扩展的物理机制,运用损伤力学与断裂力学理论,建立了基于微裂纹演化的岩石细观蠕变损伤本构方程及破裂准则。李晓照[29]通过细观理论分析,研究了裂纹扩展作用下的岩石宏观力学特性,推出了细观裂纹扩展作用下脆性岩石的应力-应变本构关系,以及能描述完整的三级蠕变演化规律的理论表达式。姜鹏等[30]在 Perzyna 黏弹塑性理论的基础上,引入了基于应变能理论的岩石细观单元强度损伤模型,同时考虑了岩石蠕变过程中蠕变速率随时间变化的特性,构建了整个蠕变过程的细观黏弹塑性损伤耦合蠕变本构模型,并将该模型嵌入三维弹塑性细胞自动机模拟系统(EPCA 3D)中,通过实验数据验证该模型的正确性。胡光辉等[31]从细观角度探究了脆性岩石的蠕变失稳过程及失稳机理,建立了基于离散元方法的岩石时效变形损伤破裂模型,并通过室内实验和数值模拟对比验证了所建立的时效变形损伤破裂模型的合理性。邵珠山等[32]基于岩石细观力学模型及裂纹扩展法则,结合细观裂纹长度与宏观应变定义损伤之间的联系,建立细观裂纹扩展与宏观应变之间的关系,并给出岩石的应力-应变关系及三级蠕变演化表达式。Bikong 等[33]考虑了软岩的时间影响因子对岩石蠕变变形的影响,在介观与微观尺度上提出了一种关于软岩微宏观模型。

1.2.3　加锚节理岩体时效性模型

Fahimifar 等[34]修改了 Sterpi 提出的黏弹塑模型以模拟低应力水平下稳态蠕变和计算反复加卸载条件下的蠕变变形,计算卸载和重新加载蠕变变形,并将计算出的控制方程通过有限差分软件 FLAC 的内置 Fish 语言实现了模型的开发与应用。熊良宵等[35]对 FLAC 3D 中的 interface 单元进行修正,提出硬性结构面的剪切流变模型及剪切蠕变试验的数值分析方法。王闫超[36]建立了适用于巴东组泥岩的非线性蠕变本构模型。王俊光等[37]研究了深部岩石在扰动载荷作用下的岩石非线性蠕变特性和蠕变扰动效应,建立了岩石非线性扰动蠕变损伤复合模型。金俊超等[38]研究并提出了一种以应变软化指标为基础的岩石非线性蠕变模型,并组建了非线性蠕变模型,将模型嵌入了 ABAQUS 有限元程序。Grgic[39]对硬质多孔隙岩石弹塑性、黏弹性破坏进行研究分析,在大量实验的基础上基于非弹性流动统一理论提出了一种符合破坏方式本构模型。Zeng 和 Zhang[40]针对泥岩膨胀状态下的特性,对其进行加速应变率加载,基于分数阶积分理论,得到了一种泥岩蠕变本构模型。Khaledi 等[41]针对岩盐洞穴在开挖过程中受到的不同程度加载作用,提出了一种包括损伤参数预测材料失效的修正的诺顿蠕变法并很好地解释了时间在蠕变过程中的作用。王明芳等[42]对西藏邦铺矿区花岗岩进行室内剪切流变试验,提出一个新的黏塑性模型(VR 模型),将其与五元件黏弹性剪切流变模型串联起来,建立新的岩石黏弹塑性剪切流变模型。翟明磊等[43]利用岩石剪切测试系统对人工劈裂岩石节理进行分级剪切加载-蠕变-卸载试验并得出一系列结论。范秋雁等[44]对膨胀与蠕变完全耦合作用下的膨胀岩进行研究,求出了法向应力与长期强度拟合关系式,对于膨胀与蠕变分开耦合作用下的膨胀岩,求出了预加法向应力与长期强度拟合关系式。Wang 等[45]对变质火山细粒岩进行了蠕变行为的特征分析,提出了一种基于蠕变损伤的非线性黏塑性模型。Cao 等[46]考虑高地应力影响下软岩破坏变形形式,针对非线性蠕变损伤提出了一种新的本构模型。赵同彬等[47]通过室内蠕变试验和理论分析,对加锚改善岩石流变力学特性进行了研究,并探讨了锚固控制岩石流变的力学机制。伍国军[48]结合大岗山水电站工程,对地下工程的非线性流变特性、锚固时效性及锚固承载可靠性开展深入细致的研究工作。曹平等[49]等研究节理岩体蠕变全过程,引入非线性黏性元件和节理裂隙塑性体,并将其与传统的伯格斯模型串联,得到一种新的复合流变模型。林永生等[50]考虑岩体黏弹性流变的重要性,将西原模型引入加锚节理岩体本构模型,提出改进的加锚节理岩体流变模型。推导其弹-黏弹-黏塑性本构方程并编制三维有限元程序。佘成学等[51]提出流变瞬时强度概念,以此为基础建立岩石和节理面的非线性黏塑性流变破坏模型的一般形式,并建立岩石完整的黏弹塑性流变破坏模型,分析其蠕变和松弛的特性。陈胜宏等[52]考虑锚固件在节理面上的局部行为,提出了一种新的加锚节理岩体流变模型,在此基础上推导了黏弹塑性本构关系并编制了三维有限元程序。陈安敏等[53]进行了锚杆锚固软岩的相似模型试验,探讨了锚索张拉预紧力随时间的变化特征,提出了锚索张拉预紧力随时间损失的估算方法。叶惠飞[54]综合考虑分析了预应力锚索时效损失因素,建立了边坡岩体蠕变与锚索预应力损失耦合效应模型。覃正刚[55]通过理论分析、数值模拟、现场试验进行了高强预应力锚杆的锚固机理及锚固时间效应分析。李英勇等[56]根据岩土材料蠕变特性和锚索松弛特性,采用四参数组合模型反映其相互作用影响。朱晗迮等[57]考虑锚索预应力变化和边坡蠕变的耦合作用,建立新的模型并进行理论推导,得出了在耦合作用下锚索长期有效预应力的变化公式。王清标等[58]建立了与工程实际相符的锚索锚固力变化和岩土体蠕变的耦合效应计算模型,正确反映了预应力锚索锚固力损失和岩土体蠕变之间的关系,推导出了其本构方程、松弛方程和蠕变方程。王克忠等[59]基于锚索应力损失和岩体蠕变耦合理论,确定锚索应力变化和岩体蠕变主要参数的关系式。谢璨等[60]建立了一种综合考虑渗透作用下土体蠕变和预应力锚索锚固力损失三维本构模型,推导出土体蠕变和预应力锚索锚固力松弛方程。

✹ 2.1 概 述

天然岩体大多由形状各异的各类节理、断层组成,这些不连续的节理面对岩体的稳定性起着控制作用,使其力学性质具有复杂性,不同节理分布的岩石具有明显不同的弱化作用,地下工程事故频发,给工程建设带来极大安全隐患。大量工程实践证明,大型洞室工程失稳与内部节理分布和扩展模式有关,这也促进了人们对节理岩石的力学性质研究。大量地下工程结构的破坏和失稳,通常是岩体开挖导致围岩的应力状态发生改变,从而诱发岩体中大量节理面的张开、扩展,并逐步破裂演化成宏观结构面。结构面中节理参数如产状、连续性、分布方式等对节理岩体的宏观力学特性和破坏特征具有十分重要的影响。因此,研究不同节理参数下岩体的力学特性和破裂演化特征,对评价地下工程岩体安全状态及工程结构的稳定性具有重要的理论意义和工程价值。

岩体工程在工程建设和长期运营过程中,经常会受到循环加载的作用,这样会造成节理岩体快速地扩展、交会贯通,由于节理岩体的不同产状、不同分布方式、非连续性、各向异性等对岩体的力学性质和破坏模式也有着重要的影响,因此,本章以水泥砂浆试件模拟节理岩体作为研究对象。对不同节理分布的试件分别进行单轴加载和单轴循环加卸载试验,对试件在不同分布方式和加载方式下的力学特性和破坏机制进行研究,对受载过程中能量分配规律与声发射特征进行分析,并对循环加载过程中试件破坏失稳前兆规律进行分析,这对于提高工程岩体稳定性有着重要的研究意义。

✸ 2.2   试验设计

2.2.1   试验系统

本节试验主要分为两部分,即采用的水泥砂浆试件单轴压缩和单轴循环加载声发射试验系统。试验系统由加载系统、声发射数据采集系统和应变数据采集系统组成。图 2.1 为试验系统示意图,图 2.2 为试验系统实物图。

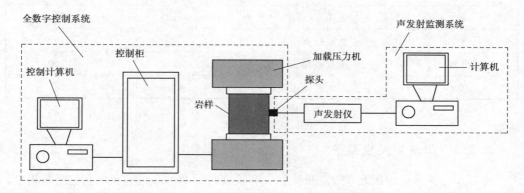

图 2.1   试验系统示意图

图 2.2   试验系统实物图

2.2.2   加载系统

本次试验加载系统采用辽宁工程技术大学土木工程试验中心的 WAW-1000 微机控制电液伺服万能试验机,如图 2.2 所示,WAW-1000 试验机由加载系统、测量系统、控制器等部分组成,采用微机控制电液伺服阀加载和手动液压加载来完成全自动控制,主机与控制柜分开放置,试验机采用传感器测力,主机自动采集应力数据、位移和各类试验曲线,试验结果可靠度高。试验机参数见表2.1。

表2.1 设备技术性能指标

编 号	参 数	单 位	取 值
1	最大试验力	kN	1 000
2	试验力测量范围	kN	4% ~ 100%
3	试验力分辨率	kN	0.01
4	位移测量分辨力	mm	0.01
5	变形测量精度	mm	0.01
6	最大拉伸试验空间	mm	550
7	最大压缩空间	mm	380
8	活塞行程	mm	150
9	压盘直径	mm	160
10	活塞最大移动速度	mm/min	50

2.2.3 声发射采集系统

声发射采集系统采用北京软岛时代科技有限公司的 DS5 全信息声发射信号分析仪，声发射采集系统主要由多通道声发射传感器、声发射前置放大器和声发射信号采集处理系统构成。声发射系统原理是试件内部裂纹产生和扩展的声发射信号被传感器接收，然后经过放大器放大后输入声发射采集分析系统，计算机软件以曲线的形式显示收集的声发射信息。声发射仪如图 2.3 所示，传感器如图 2.4 所示，前置放大器如图 2.5 所示。

图 2.3 声发射仪

图 2.4 传感器

图 2.5 前置放大器

声发射传感器采用的是 RS-2A 型谐振式传感器,作为声发射信号仪采集信号的关键部件,它是直径为 18.8 mm、高度为 15 mm 的圆柱体,接口形式为 M5-KY,外壳采用不锈钢材质,检测面为陶瓷材质,频率范围为 50 ~ 400 kHz,中心频率为 150 kHz,使用温度为 −20 ~ 130 ℃。前置放大器采用的是 20/40/60 dB 增益可调放大器,具有传感器自动测试功能,最大输出电压为 ±10 V,输出动态范围大于 73.5 dB,输出噪声在放大倍数为 100 倍时为 26.4 dB。该系统的采样频率为 2.5 MHz,具有连续记录能力,可以记录 AE 事件、AE 振铃和 AE 能量等特征参数。

本次试验选取水泥砂浆试件,通过一定比例的配比确定试验试件强度,在标准条件下养护 28 d 进行试验,测量设备包括千分尺、角尺。

为分析节理倾角和间距的相互关系对试件变形破坏特征的影响规律,制作节理倾角 α,分别为 30°,45°,60°和 75°,节理间距 s 分别为 5,10,15,20 mm 的三平行节理试件,其中预制节理长度为 3 cm,厚度为 0.8 ~ 1 mm,连通率为 0.2,节理布置如图 2.6 所示,制作完成的部分试件如图 2.7 所示。

①通过观察外观来剔除外表存在裂纹和残缺的试件。

②对所有的试件进行纵波波速测试及密度测量,采用超声波法和间距测定,剔除差异较大的试件,测试结果如图 2.8 所示。弃用圈外波速和密度离散度较大的试件,保留圆圈内的试件,确保试件力学性质一致。

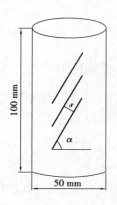

图 2.6　平行节理布置图　　　　图 2.7　制作完成的部分试件

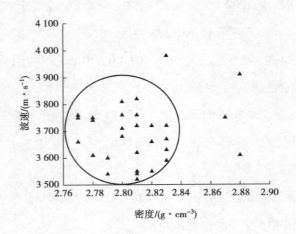

图 2.8　试件密度波速图

✹ 2.3　试验加载方案

　　将加载系统与 DS5 型声发射仪的主机和传感器按照正确的方式连接,并进行初步调试,将制好的试件贴好应变片,并置于试验机承压板中心,在端面抹适量黄油来减小端部效应对试验带来的影响。在试件距上下两端 20 mm 处共布置 4 个传感器,前置放大器采集频率为 2.5 MHz,放大倍数后设为 40 dB,门槛值设定为 50 dB,采用凡士林均匀涂抹来增强试件与传感器的耦合效果。

2.3.1　单轴压缩试验

　　室温条件下,对不同节理倾角的试件进行单轴压缩试验。单轴压缩试验采用轴向位移控制,加载速度均保持在 0.1 mm/min,采用动态应变仪对纵向应变进行量测,对不同节理倾角和间距的应力应变曲线和声发射参数进行统计分析。

2.3.2　单轴循环加载试验

　　室温条件下,对不同节理倾角的试件进行单轴循环加载试验,单轴循环加载试验采用轴向位移控制,加载速度均保持在 0.1 mm/min,采用动态应变仪对纵向应变进行量测。单轴循环加卸载采用的加载方式为:根据单轴压缩试件强度,首先加载至 30 MPa,然后在 10 s 内卸载至 5 MPa,此后,每次按照 5 MPa 增加荷载,直至试件被破坏,对不同节理倾角试件的应力应变曲线和声发射参数进行统计分析,循环加载方式如图 2.9 所示。

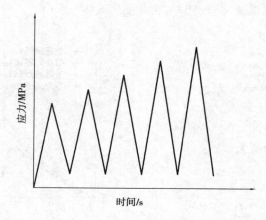

图 2.9   循环加卸载试验步骤

✱ 2.4   节理岩体单轴压缩试验研究

2.4.1   单轴压缩试验力学特性分析

（1）应力应变曲线分析

单轴压缩试验作用下的应力-应变曲线反映出试件的强度特征和变形性质,试件应力-应变曲线由试验数据统计得出并绘制如图 2.10 所示。不同节理分布的试件力学参数均低于完整试件,与节理分布方式密切相关。完整试件应力应变曲线单轴抗压强度为 74.86 MPa,弹性模量为 29.47 GPa,其破坏形式为轴向劈裂拉伸破坏,表现为典型的脆性岩石,在受压过程中大致分为 4 个阶段:

第一阶段:初始压密阶段。在此阶段由于试件非均质性,在轴压逐渐增大的过程中试件内部存在的裂纹、孔隙开始闭合,释放部分能量,应力应变曲线斜率逐渐增大,表现出非线性上升变形特征。

第二阶段:弹性变形阶段。应力应变曲线几乎呈现线性上升的特征,由于内部仍有一些缺陷存在,初期预制节理周围基本无破坏出现。随着应力的增加,预制节理周围微节理萌生,试件发生起裂现象,曲线呈现非线性上升。

第三阶段:塑性软化阶段。应力应变曲线斜率变小,随着预制节理周围沿着轴向应力方向扩展形成局部贯通破裂面,产生应力跌落现象。

第四阶段:应力峰后阶段。峰值后应力应变曲线出现了迅速的应力跌落,应变变化较小,此时裂纹快速扩展贯通,含节理试件发生脆性破坏。

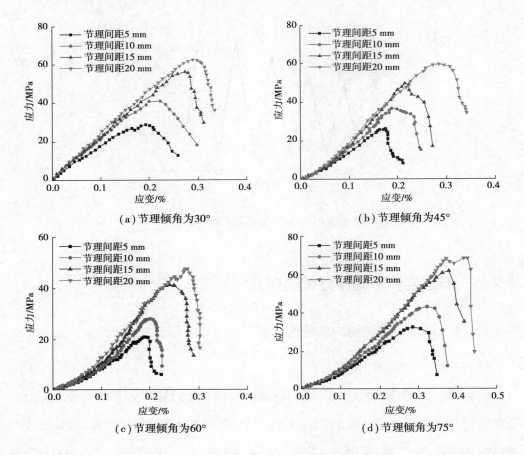

（a）节理倾角为30°　　　　　　　　　　（b）节理倾角为45°

（c）节理倾角为60°　　　　　　　　　　（d）节理倾角为75°

图 2.10　试件的轴向应力-应变全曲线

从表 2.2 中可以看出,试件节理的间距、倾角对试件强度和变形有着不同程度的影响,含预制节理试件峰值强度、弹性模量及轴向应变明显降低。在一定间距范围内,节理间距越大,从初期加载到峰值应力的加载空间越大,其承载抗变形能力越强,对工程安全有重要意义。

表 2.2　单轴压缩下含不同节理分布的试件力学参数

节理间距/mm	试件编号	节理倾角 $\alpha/(°)$	峰值强度 σ_{JR}/MPa	弹性模量 E_{JR}/GPa	当量化强度 σ_R/σ_{JR}	当量化弹性模量 E_R/E_{JR}	峰值应变 ε_c
5	1-1	30	33.69	20.92	0.45	0.71	0.212 2
	1-2	45	31.44	16.21	0.42	0.55	0.207 1
	1-3	60	24.70	12.67	0.33	0.43	0.190 2
	1-4	75	38.18	20.92	0.51	0.71	0.252 4

续表

节理间距/mm	试件编号	节理倾角 α/(°)	峰值强度 σ_{JR}/MPa	弹性模量 E_{JR}/GPa	当量化强度 σ_R/σ_{JR}	当量化弹性模量 E_R/E_{JR}	峰值应变 ε_c
10	2-1	30	41.17	22.10	0.55	0.75	0.237 3
	2-2	45	38.93	18.27	0.52	0.62	0.224 8
	2-3	60	31.52	15.62	0.42	0.53	0.200 8
	2-4	75	48.66	23.28	0.68	0.79	0.286 5
15	3-1	30	56.15	23.28	0.75	0.79	0.306 1
	3-2	45	53.90	20.33	0.67	0.69	0.258 9
	3-3	60	41.17	18.57	0.55	0.63	0.240 7
	3-4	75	59.14	25.64	0.83	0.87	0.313 5
20	4-1	30	62.13	24.17	0.83	0.82	0.318 5
	4-2	45	59.89	21.81	0.8	0.74	0.278 3
	4-3	60	47.16	20.92	0.63	0.71	0.278 3
	4-4	75	68.27	27.41	0.91	0.93	0.321 6

为分析和探讨节理倾角对强度和变形参数的影响,根据试件的轴向应力应变曲线得出在不同节理间距和倾角下的峰值强度和弹性模量,单轴压缩下含不同节理分布的试件力学参数见表2.2,引入以下两个无量纲化参数[61]:

①当量化弹性模量 E_{JR}/E_R 时,定义为含节理试件的弹性模量 E_{JR} 与无节理试件的弹性模量 E_R 之比。

②当量化强度 σ_{JR}/σ_R 时,定义为含节理试件的强度 σ_{JR} 与无节理试件的强度 σ_R 之比。

(2)强度特征随节理倾角和节理间距的变化规律

从峰值强度随节理倾角与节理间距的变化曲线图中可以得出:

不同节理间距下试件的峰值强度随节理倾角表现出的随着节理倾角先减小后增大的趋势,其曲线形式呈现 U 形,试件的峰值强度小于完整试件,这是不同的节理分布发生不同程度的变形所致,30°和75°倾角试件的峰值强度较大,表现出节理试件各向异性特征。

从图 2.11 中可以看出,当节理倾角小于 60°时,峰值强度逐渐减小;当节理倾角在 30°~45°时,峰值强度降低幅度较小;当节理倾角在 45°~60°时,峰值强度降低幅度较大;当节理倾角在 60°~75°时,峰值强度增大到最大值。在间距为 5 mm 时,峰值强度增大幅度为 54.57% ;在间距为 20 mm 时,峰值强度增大幅度为 44.76% 。当倾角为 60°的试件强度降低速率最快,在节理间距为 5 mm 达到最小值为 24.70 MPa,当量化强度达到 0.33,在倾角为 75°时峰值强度最大值达到 68.27 MPa;当量化强度达到 0.91,在倾角为 30°,45°和 75°处时峰值强度总体变化幅度不大。

从图 2.12 中可以看出,节理试件峰值强度随节理间距的增大而逐渐增大,节理间距与峰值强度之间存在明显的非线性关系。当节理倾角一定时,峰值强度在不同的节理间距下,增大速率不一致,当节理间距为 5 mm 和 10 mm 时,峰值强度随节理间距的增大而增长速度较快;当节理间距为 15 mm 和 20 mm 时,峰值强度随节理间距的增大而增加较慢。当节理倾角为 30°时,节理间距从 5 mm 增至 10 mm 时,峰值强度从 33.69 MPa 增至 41.17 MPa,峰值强度增大幅度为 22.20%,节理间距从 15 mm 增至 20 mm 时,峰值强度从 56.15 MPa 增至 62.13 MPa,峰值强度增大幅度为 10.65% ,当节理倾角为 75°时,峰值强度随节理间距的增大而增长速度最快,当 $s = 20$ mm 时,峰值强度增大为 68.27 MPa。

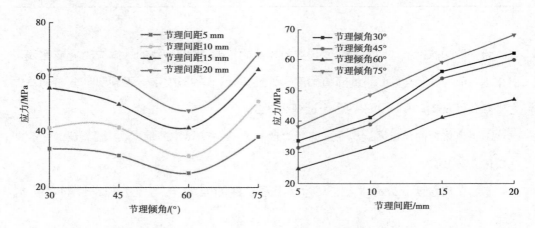

图 2.11　峰值强度随节理倾角变化曲线　　　图 2.12　峰值强度随节理间距变化曲线

从图 2.13 中可以看出,当节理倾角为 30°, 节理间距 s 由 5 mm 分别增大为 10,15, 20 mm时,相应的节理当量化峰值强度值由 0.45 分别增大到 0.55,0.75,0.83,变化幅度为 84.4%,均小于完整试件强度值。当量化峰值强度变化分别为 22.2% ,66.67% ,84.4% ,从数据中可以得出,节理倾角和间距的不同分布对试件强度和变形能力有着不同程度的影响,其中峰值强度变化最大值为 84.4% ,说明在节理面作用下,试件变形过程中峰值强度变化最大。当量化峰值强度随节理间距的增大而增大时,它们之间存在明显的非线性关系,试件的当量化峰值强度与节理间距可通过指数函数拟合,通过数据拟合获得相似性方程:

$$\frac{\sigma_{JR}}{\sigma_{R}} = A + Be^{-\frac{x}{C}} \tag{2.1}$$

式中 σ_{JR}, σ_{R}——含节理与完整试件的单轴压缩峰值强度,Pa;

A, B, C——拟合函数。

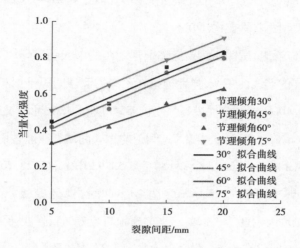

图 2.13 不同节理间距下当量化峰值强度拟合曲线

在不同节理倾角下,表 2.3 列出了节理试件当量化强度随节理间距变化的各拟合曲线的参数、相关系数 R^2。

表 2.3 当量峰值强度与节理间距关系回归参数

节理倾角 α	A	B	C	R^2
30°	2.737 77	$-2.450\ 26$	77.992 55	0.920 88
45°	2.693 96	$-2.436\ 03$	77.592 58	0.924 85
60°	2.572 05	$-2.359\ 68$	101.449 09	0.978 59
75°	2.757 68	$-2.401\ 94$	75.767 22	0.999 31

(3)变形参数随节理倾角与节理间距的变化规律

从弹性模量随节理倾角与节理间距的变化曲线图中(图 2.14、图 2.15)可以得出:

不同节理间距下节理试件的弹性模量随节理倾角同样表现出随着节理倾角先减小后增大的趋势,其曲线形式呈现 U 形,试件的弹性模量小于完整试件。

从图 2.14 中可以看出,当节理倾角小于 60°时,弹性模量逐渐减小;当节理倾角在 30°~45°时,弹性模量降低幅度较小;当节理倾角在 45°~60°时,弹性模量降低幅度较大;

当节理倾角在60°～75°时,弹性模量增大到最大值。在间距为 5 mm 时,弹性模量变化幅度为 65.11%,在间距为 20 mm 时,弹性模量变化幅度为 31.02%。当倾角为 60°时试件强度和弹性模量降低速率最快,试件强度达到最小值,弹性模量达到极小值 12.67 GPa,当量化弹性模量降低为 0.43、倾角为 75°时,弹性模量最大值达到 27.41 GPa;当量化弹性模量降低为 0.93 时,节理倾角整体变化幅度不大。

从图 2.15 中可以看出,试件弹性模量随节理间距的增大而逐渐增大,节理间距与弹性模量之间存在明显的非线性关系,弹性模量在不同的节理间距下增长速率不一致。当节理间距为 5 mm 和 10 mm 时,弹性模量强度随节理间距的增大而增长速度较快;当节理间距为 15 mm 和 20 mm 时,弹性模量随节理间距的增大而增长速度较慢。当节理倾角为 30°、节理间距从 5 mm 增至 10 mm 时,弹性模量从 20.92 GPa 增至 22.10 GPa,弹性模量增大幅度为 5.64%,节理间距从 15 mm 增至 20 mm 时,弹性模量从 23.28 GPa 增至 24.17 GPa,弹性模量增大幅度为 3.82%。当节理倾角为 75°时,弹性模量随节理间距的增大而增长速度最快,当 $s = 20$ mm 时,弹性模量增大为 27.41 GPa。

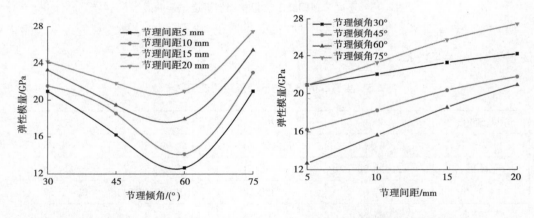

图 2.14 弹性模量随节理倾角变化曲线　　　图 2.15 弹性模量随节理间距变化曲线

从图 2.16 中可以看出,当节理倾角为 30°,节理间距 s 由 5 mm 分别增大为 10,15,20 mm 时,相应的节理当量化弹性模量值由 0.71 分别增至 0.75,0.79,0.82,变化幅度为 15.49%,均小于完整试件强度值,当量化弹性模量变化分别为 5.63%,11.27%,15.49% 时,从数据中可以看出,节理倾角和间距的不同分布对试件强度和变形能力有着不同程度的影响,说明在节理面作用下,试件变形过程中峰值强度变化最大。当量化弹性模量随节理间距的增大而增大时,它们之间存在明显的非线性关系,试件的当量化弹性模量与节理间距可通过指数衰减函数拟合,通过数据拟合获得相似性方程:

$$\frac{E_{JR}}{E_R} = A + Be^{-\frac{s}{C}}$$ (2.2)

式中 E_{JR} , E_R ——含节理与完整试件的单轴压缩弹性模量,Pa;

A , B , C ——拟合参数。

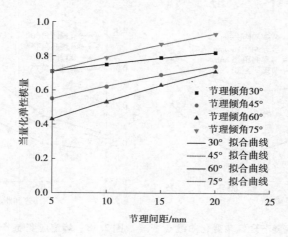

图2.16 不同节理间距下当量化弹性模量拟合曲线

在不同节理倾角下,表2.4列出了节理试件当量化弹性模量随节理间距变化的各拟合曲线的参数、相关系数 R^2 。

表2.4 当量弹性模量与节理间距关系回归参数

节理倾角 α	A	B	C	R^2
30°	1.049 94	−0.388 31	37.979 87	0.997 52
45°	1.074 88	−0.611 88	32.977 15	0.996 63
60°	1.479 89	−1.166 24	47.983 74	0.998 55
75°	1.389 89	−0.776 61	37.979 87	0.996 52

(4)峰值应变随节理倾角和间距的变化规律

峰值应变随节理倾角、节理间距变化曲线如图2.17、图2.18所示。由图2.17可以看出,峰值应变随倾角变化曲线呈现出 U 形,与峰值强度规律保持一致,说明随着峰值强度的增大,试件的延展性越好,其承载安全性越强。不同节理倾角下的峰值应变值从大到小依次为75°>30°>45°>60°,在节理倾角为60°时,峰值应变值降至0.19%,均小于其他倾角对应的峰值应变值。由图2.18可以得出,在各节理间距下,峰值应变变化幅度不大,且随着节理间距的增大,应变值逐渐增大,说明峰值强度也越来越大。峰值应变随着节理间距的增大而增大,它们之间存在明显的线性关系,试件的峰值应变与节理间距可通过一次函数拟合,如图 2.19 所示,通过数据拟合获得相似性方程:

$$\varepsilon = A + Bs \qquad\qquad (2.3)$$

式中　A,B——拟合参数。

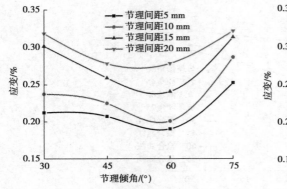

图 2.17　峰值应变随节理倾角变化曲线　　　　图 2.18　峰值应变随节理间距变化曲线

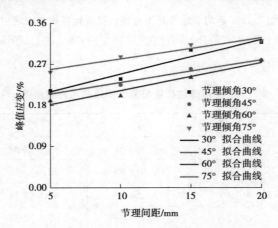

图 2.19　不同节理间距下峰值应变拟合曲线

在不同节理倾角下,表 2.5 列出了节理试件当量化弹性模量随节理间距变化的各拟合曲线的参数和相关系数 R^2。

表 2.5　峰值应变与节理间距关系回归参数

节理倾角 α	A	B	R^2
30°	0.171 55	0.007 67	0.923 9
45°	0.180 4	0.004 95	0.976 1
60°	0.151 48	0.006 08	0.928 1
75°	0.234 88	0.004 69	0.929 8

2.4.2　试件能量特征

试件在受载荷作用下发生变形破坏是一个热力学过程,是与外界进行能量传递、转化的过程。从能量转化的角度来看,其本质就是能量进行输入、积聚并耗散以及释放的过程,能量转化的宏观现象具体表现在试件发生损伤演化直至破坏。当试件在受力时状态发生变化,其实是吸收外界对试件做功所产生的能量,一部分以可释放弹性能的形式使试件发生弹性变形,其他部分转化为使试件内部节理进一步发展的能量,衍生出新的裂纹,能量发生耗散并使试件强度降低,在累积能量到试件承载极限时,弹性能进行释放导致试件突然破坏。

试件在受载过程中能量转化大致分为能量输入、能量积聚、能量耗散和能量释放 4 个过程[62]。大多数试件力学研究领域的学者将试件在加卸载过程中假定为没有产生热交换,根据热力学理论,储存在试件内部的弹性应变能是双向可逆的,而试件所耗散的能量则是单向和不可逆的,其中,耗散能包含塑性能、节理面表面能等。这样可以利用试件单轴加载和卸载应力应变曲线对试件能量进行计算,荷载所做的功对应的是加载曲线的面积,当荷载进行卸载时,由于试件在加载过程中会产生耗散能,耗散能不具备双向可逆性,故发现卸载曲线低于加载曲线,卸载曲线对应的面积是试件释放的弹性应变能,等于外力所做的功减去耗散所消耗的能量。

从能量守恒定律可得:

$$U = U^d + U^e \tag{2.4}$$

$$U = \int_0^{\varepsilon_1} \sigma_1 d\varepsilon_1 + \int_0^{\varepsilon_2} \sigma_2 d\varepsilon_2 + \int_0^{\varepsilon_3} \sigma_3 d\varepsilon_3 \tag{2.5}$$

$$U^e = \frac{1}{2}\sigma_1 \varepsilon_1^e \tag{2.6}$$

式中　U——试件受载荷作用下输入的能量,MJ/m^3;

$\quad\quad U^e$——储存在试件内部的可释放弹性应变能,MJ/m^3;

$\quad\quad U^d$——试件所耗散的能量,MJ/m^3。

试验条件是单轴加卸载试验,$\sigma_2 = \sigma_3 = 0$,则式(2.5)可简化为

$$U = \int_0^{\varepsilon_1} \sigma_1 d\varepsilon_1 \tag{2.7}$$

单轴加载试验根据谢和平等[63]的研究,式(2.6)可改写成

$$U^{e} = \frac{1}{2E_{u}}\sigma_{1}^{2} \approx \frac{1}{2E_{0}}\sigma_{1}^{2} \qquad (2.8)$$

因此,试件受载荷作用下输入的能量 U、试件所耗散的能量 U^{d} 与储存在试件内部的可释放弹性应变能 U^{e},可由式(2.4)、式(2.7)、式(2.8)求出。

图 2.20 中阴影面积 U^{e} 为弹性应变能,U^{d} 为对应耗散能。为了更好地从能量演化的角度认识不同节理面对试件变形破坏过程的影响,于是展开了对试件在变形破坏中的应变能、弹性能和耗散能随节理倾角和间距的变化规律研究,详细描述了试件的能量特性和破坏特征。

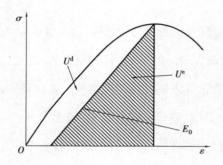

图 2.20　应力应变曲线耗散应变能与弹性应变能

(1)外力对试件输入的能量

表 2.6 为外界对不同节理倾角、不同节理间距试件输入能量。从图 2.21 中可以看出,试件在轴向压缩作用下所吸收的能量值随着应变的增大而不断增大,呈现出"logistic"型,在加载初期能量增大幅度较小,曲线基本重合,而在加载中期增长速率明显有所区别,倾角为 75°时试件的增幅最大,吸收能量最大值为 0.142 0 MJ/m³,倾角为 60°时试件增幅最小,吸收能量最小值为 0.017 0 MJ/m³,试件随节理间距的增大表现出吸收能量逐渐增加的趋势,在节理间距为 5 mm 时,其吸收能量变化范围为 0.017 0 ~ 0.058 7 MJ/m³;在节理间距为 20 mm 时,其吸收能量范围为 0.057 7 ~ 0.142 0 MJ/m³。弹性应变能与试件所吸收的能量变化趋势保持一致,耗散能在破坏来临前增速急速变大,这是试件内部节理以及预制节理的进一步发展并发生摩擦和贯通所致,从而使试件变形参数变小、强度变低,在峰值强度后,弹性应变能曲线迅速下降,释放弹性能量,导致试件产生更大的破裂面直至失稳破坏。

表 2.6 外界对试件输入能量

倾角 α	输入能量/(MJ·m⁻³)			
	5 mm	10 mm	15 mm	20 mm
30°	0.039 7	0.052 6	0.094 6	0.104
45°	0.030 6	0.046 1	0.060 5	0.077 7
60°	0.017	0.018 9	0.041 4	0.057 7
75°	0.058 7	0.090 8	0.116	0.142

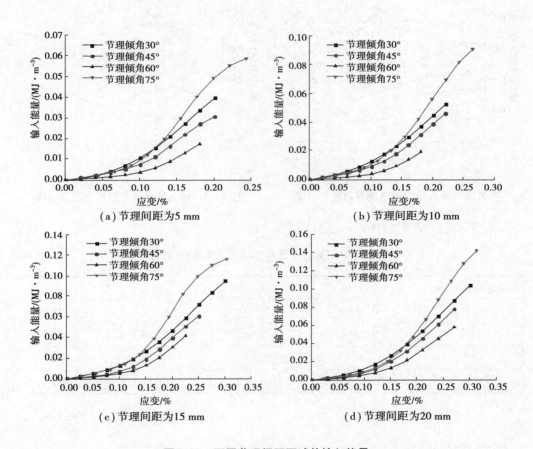

图 2.21 不同节理间距下试件输入能量

从图 2.22 中可以看出,随着试件节理倾角的增加,试件输入能量呈现出先减小后增大的变化规律。在节理倾角为 60°时达到最小值,与试件峰值强度有良好的对应关系,说明试件的强度越高,外界对试件输入的能量就越多。由图 2.23 可知,在不同节理倾角下,当试件输入能量从节理间距为 20 mm 降至 5 mm 时降低幅度分别为 61.83%,60.62%,70.64%,54%,58.66%;在节理倾角为 75°时,节理间距从 5 mm 增至 20 mm,输入能量 U^0 也从0.058 7 MJ/m³增至0.142 0 MJ/m³,增长幅度分别为54.68%,27.75%,22.41%,可以得出预制节理试件破坏所产生的能量呈现非线性增大,可通过指数函数拟合,如图2.23所示,通过数据拟合获得相似性方程为:

$$y = y_0 + A_1 \exp\left(-\frac{x}{t}\right) \tag{2.9}$$

式中　y_0, A_1, t 为——拟合参数。

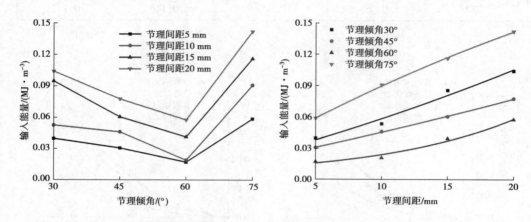

图2.22　输入能量随节理倾角变化规律　　　　图2.23　输入能量随节理间距拟合曲线

其中,拟合参数根据Origin可得,见表2.7。

表2.7　试件输入能量与节理间距关系回归函数

节理间距 s/mm	y_0	A_1	t	R^2
5	−0.186 3	0.205 4	−57.012 6	0.941
10	−0.224 6	0.241 5	−89.284 1	0.998 2
15	0.001 7	0.008 8	−10.738 7	0.953 3
20	0.343 8	−0.319 2	43.815 4	0.997 9

(2)试件弹性应变能

从图2.24中可以看出,试件在轴向压缩作用下,储存在内部的弹性应变能随应变的增大而不断增大,在加载初期能量增大幅度较小,曲线基本重合,而在加载中期增长速率明显有所区别,倾角为75°的试件增幅最大,弹性应变能的最大值为0.121 8 MJ/m³;倾角为60°的试件增幅最小,弹性应变能的最小值为0.012 4 MJ/m³。试件随节理间距的增大表现出弹性应变能逐渐增加的趋势,在节理间距为5 mm时,其弹性应变能的变化范围为

0.012 4～0.045 3 MJ/m³；在节理间距为 20 mm 时，其弹性应变能的变化范围为 0.046 4～0.121 8 MJ/m³。弹性应变能与试件所吸收的能量变化趋势保持一致，在峰值强度处弹性应变能所占比例达 80%，说明在试件加载过程中主要以弹性应变能形式储存在试件内部，在峰后破坏阶段弹性应变能被快速释放，转换成耗散能来使试件发生宏观破坏。

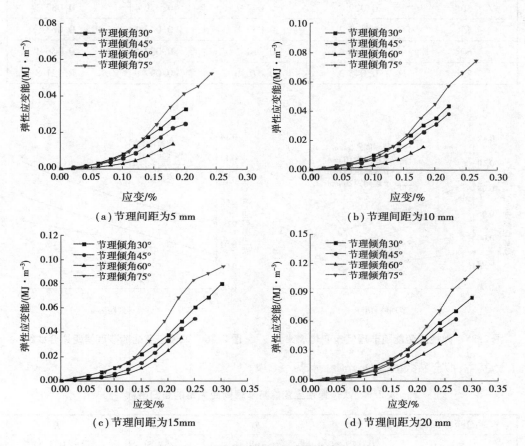

图 2.24　不同节理间距下试件弹性应变能

从表 2.8 和图 2.25 中可以看出，随着试件节理倾角的增加，试件弹性应变能呈现出先减小后增大的变化规律，在节理倾角为 60°时达到最小值。由图 2.26 可知，在不同节理倾角下，试件弹性应变能从节理间距为 20 mm 降至 5 mm 时降低幅度分别为 65.83%，64.48%，73.28%，62.81%，在节理倾角为 45°，节理间距从 5 mm 增至 20 mm，弹性应变能 U^{e} 从 0.022 7 MJ/m³ 增至 0.063 9 MJ/m³，增长幅度分别为 63.44%，32.35%，30.14%，可得出预制节理试件储存在试件内部的弹性应变能的能量呈非线性增大，通过指数函数拟合如图 2.26 所示，通过数据拟合获得相似性方程：

$$y = y_0 + A_1 \exp\left(-\frac{x}{t}\right) \tag{2.10}$$

式中　y_0, A_1, t——拟合参数。

表2.8　各试件弹性应变能

倾角 α	弹性应变能/($MJ \cdot m^{-3}$)			
	5 mm	10 mm	15 mm	20 mm
30°	0.029 8	0.042 9	0.079 4	0.087 2
45°	0.022 7	0.037 1	0.049 1	0.063 9
60°	0.012 4	0.014 7	0.033 5	0.046 4
75°	0.045 3	0.076 1	0.097 9	0.121 8

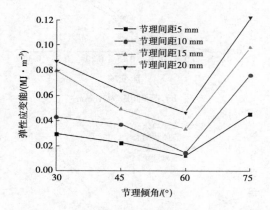

图2.25　弹性应变能随节理倾角变化规律

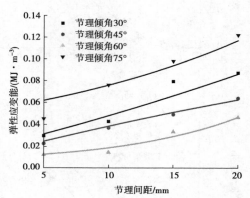

图2.26　弹性应变能随节理间距拟合曲线

其中，拟合参数根据 Origin 可得，见表2.9。

表2.9　试件弹性应变能与节理间距关系的回归函数

节理间距 s/mm	y_0	A_1	t	R^2
5	−0.152 31	0.168 46	−57.593 9	0.935 11
10	0.180 14	−0.170 39	53.898 12	0.999 95
15	0.003 53	0.005 5	−9.711 86	0.964 75
20	0.013 04	0.038 16	−19.990 22	0.996 08

（3）岩石耗散能

从图2.27和表2.10中可以看出，试件在轴向压缩作用下耗散能随着应变的增大而不断增大，在加载初期能量增大幅度较小，在进入塑性阶段增速有所加快，其中节理倾角为30°的试件耗散能值较大，这与其加载前期弹性模量较大有直接关系，而耗散能最小值通常为60°节理倾角试件。试件随节理间距的增大表现出耗散能逐渐增加的趋势，在节理间距为 5 mm 时,其耗散能的变化范围为 0.004 5 ~ 0.013 0 MJ/m³;在节理间距为 20 mm 时,其耗散能的变化范围为 0.010 4 ~ 0.019 1 MJ/m³。耗散能在峰值强度处所占的比例达 15%,说明试件耗散能在进入塑性阶段所占的比率有所上升,试件内部节理发育、扩展所需能量增多,但弹性应变能依然是能量分配主体,在峰后破坏阶段弹性能全部转化为耗散能,耗散能成为新的能量分配主体。

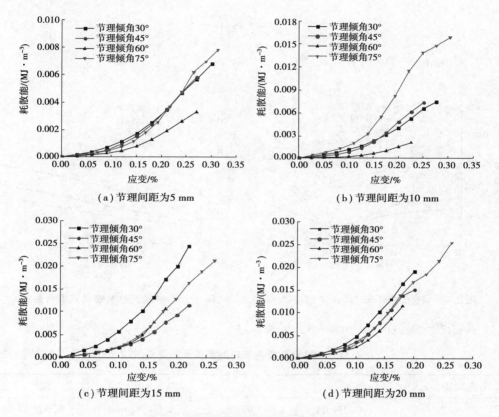

图 2.27　不同节理间距下试件的耗散能

表 2.10　各试件的耗散能

倾角 α	耗散能/(MJ·m⁻³)			
	5 mm	10 mm	15 mm	20 mm
30°	0.009 4	0.010 3	0.016 6	0.017 5
45°	0.007 4	0.009 0	0.011 4	0.013 5
60°	0.004 5	0.004 2	0.008 4	0.010 4
75°	0.013 0	0.015 2	0.017 3	0.019 1

　　从图 2.28 中可以看出,随着试件节理倾角的增加,试件耗散能呈现出先减小后增大

的变化规律,在节理倾角为60°时达到最小值。由图2.29可知,在不同节理倾角下,试件耗散能从节理间距为20 mm降至5 mm时降低幅度分别为46.29%,45.19%,56.73%,31.94%,在节理倾角为45°,节理间距从5 mm增至20 mm时,耗散能U^e从0.007 4 MJ/m³增至0.013 5 MJ/m³,增长幅度分别为21.62%,26.67%,18.42%,可得出预制节理试件的耗散能呈现非线性增大,可通过指数函数拟合如图2.29所示,通过数据拟合获得相似性方程:

$$y = y_0 + A_1 \exp\left(-\frac{x}{t}\right) \tag{2.11}$$

式中　y_0, A_1, t——拟合参数。

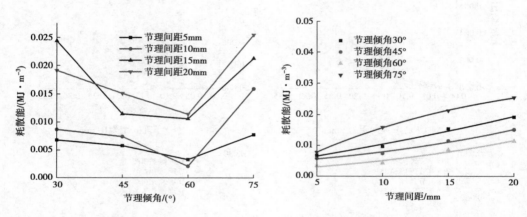

图2.28　耗散能随节理倾角变化规律　　　　图2.29　耗散能随节理间距拟合曲线

其中,拟合参数根据Origin可得,见表2.11。

表2.11　试件耗散能与节理间距关系的回归函数

节理间距 s/mm	y_0	A_1	t	R^2
5	− 0.034 04	0.037 02	− 54.586 88	0.962 87
10	− 0.001 31	0.005 15	− 17.151 7	0.973 74
15	− 0.003 25	0.004 68	− 17.340 6	0.919 67
20	0.034 88	− 0.038 36	14.355 81	0.999 22

当试件受力变形时,试件中原来存在的或新产生的裂缝的周围地区应力集中,应变能较高,当外力增至一定大小时,在有裂缝的缺陷地区发生了微观屈服或变形、裂缝扩展,从而使得应力弛豫,储藏能量的一部分将以弹性波(声波)的形式释放出来,这就是声发射的现象[64]。声发射技术可以对脆性材料裂纹的起裂和扩展进行全程连续、实时监测,声发射计数已成为目前进行节理岩石试验研究的极其重要的工具,为此进行了单轴循环加卸载

含预制平行节理试验。利用声发射技术获取了试验过程中的声发射数据,分析了含节理面试件变形破坏中的断裂模式及声发射特征,为预测工程岩体稳定性提供参考。常见的声发射参数定义,如图2.30所示。

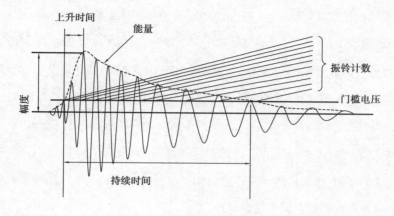

图 2.30　声发射参数定义

①振铃计数:传感器每接收一个撞击就会产生振铃,当这一电信号超过设定的阈值时,就会被计为一个振铃计数,换句话说,振铃计数就是信号越过门槛的振荡次数。振铃计数被广泛用于声发射活动性评价,但其数目会因门槛设置的不同而有很大差异。

②能量:声发射能量并不是普通物理意义上的能量,通常是指信号检波包络线下的面积。声发射能量值可以在一定程度上反映事件的相对强度,也常用于波源的类型鉴别。

✳2.5　节理岩体声发射研究

2.5.1　节理岩体声发射曲线分析

图2.31是试件在节理倾角为30°时单轴压缩条件下应力-声发射参数-时间曲线图,从图中可以看出,应力曲线与声发射振铃计数和声发射能量有较好的相关性。当节理倾角为30°时,曲线在加载初期声发射信号一直比较微弱,这个阶段的振铃计数较少,累计振铃计数曲线斜率较小,在198 s时声发射振铃计数有明显增大,说明试件预制节理应力集中导致裂纹起裂,但因裂纹起裂需要应力仅为裂纹扩展需要应力的0.01~0.1倍[65],声发射振铃计数仅占最大振铃计数的0.082 5,在200~308 s有小幅度下降后逐渐平稳,累计振铃计数曲线斜率明显增大,对应着应力应变曲线的弹性应变阶段,试件没有出现大的裂纹。在310 s加载至55 MPa时,声发射信号突然大幅度增大,并在328 s时在到达应力最

高点前振铃计数突增到432,累计振铃计数曲线斜率突然激增,耗散能量也呈现突升趋势,试件伴有响亮的破裂声音,说明试件在峰值强度附近宏观节理扩展贯通,峰值强度过后,在330 s处发生应力跌落现象,声发射信号急剧减少,试件发生"咔咔"声响,伴随着能量大量释放,说明能量耗散具有延时性,在应力跌落后未超过前期峰值应力时,声发射信号较弱,出现了明显的 Kaiser 效应,说明试件有明显的受载记忆特性,在380 s时振铃计数达到峰值,累计振铃计数继续增加至稳定。完整试件其破坏形式为轴向劈裂拉伸破坏,表现为典型的脆性岩石,不同节理分布的试件破坏主要有 3 种,节理编号从上到下依次为①,②,③,试件破坏形式如图2.32 所示,破坏形式大多表现为张拉破坏,30°节理倾角试件在①处形成翼裂纹,在节理间没有明显的裂纹扩展,耗散能与声发射信号均较小,裂纹沿加载方向向两端发展,节理间相互贯通,耗散能呈台阶状突升,声发射信号也出现了高响应值,随后裂纹沿加载方向发展直至最后贯通破坏。

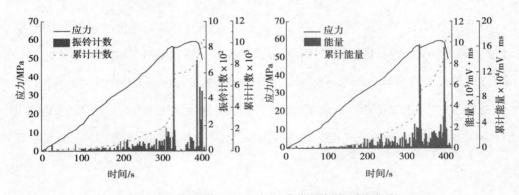

图2.31   节理倾角为 30°应力-声发射参数-时间曲线

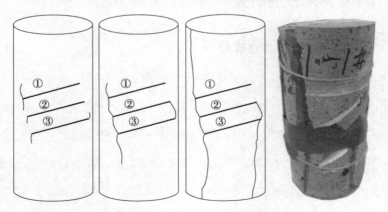

图 2.32   节理倾角为 30°试件破坏展开图

图 2.33 是试件在节理倾角为 45°时单轴压缩条件下应力-声发射参数-时间曲线图,从图中可以看出,应力曲线与声发射振铃计数和声发射能量有较好的相关性,当节理倾角为

45°时,在加载至86 s时,声发射信号开始产生,声发射振铃计数和能量值比较小,累计曲线斜率有小幅度的提高。试件从100 s加载至380 s左右时,声发射信号保持稳定,声发射累计曲线基本保持线性增长,说明在弹性阶段试件没有明显的宏观裂纹产生,颗粒间摩擦导致内部节理非均匀变形而产生较为密集稳定的声发射信号;试件从380 s加载至424 s时,声发射振铃计数与能量均增多并达到峰值,声发射累计振铃计数和能量曲线斜率显著增加,在试件端部产生较大压裂纹释放较大能量;在加载到424 s后发生小幅度应力跌落现象,振铃计数和能量进入平静期,声发射累积曲线增长速度变慢;试件在471 s时声发射信号重新达到峰值,在应力峰值后声发射累计曲线趋于平缓,说明在峰后阶段声发射现象较弱。图2.34是节理倾角为45°试件破坏展开图,试件首先形成翼裂纹,节理间形成压缩裂纹,产生较大声发射信号,耗散能占比较大,下端翼裂纹次生裂纹逐渐发展,声发射信号与耗散能增长速率相对缓慢,试件破坏形式与30°节理倾角试件保持一致。

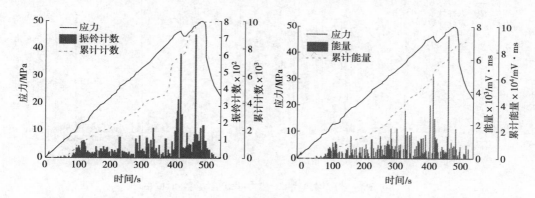

图2.33 节理倾角为45°应力-声发射参数-时间曲线

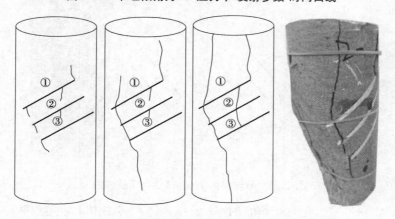

图2.34 节理倾角为45°试件破坏展开图

图2.35是试件在节理倾角为60°时单轴压缩条件下应力-声发射参数-时间曲线图,从

图中可以看出,应力曲线与声发射振铃计数和声发射能量有较好的相关性。当节理倾角为60°时,加载初期相较其他倾角试件有较高的声发射信号产生,声发射振铃计数和能量保持稳定水平,说明在该倾角下试件内部节理产生裂纹与预制节理面接触并产生大量声发射信号,累计声发射计数和累计声发射能量保持高速率增长,随着试验机的不断加载,声发射信号保持稳定;在529 s时声发射振铃计数和能量达到峰值,试件内部裂纹与预制节理面接触处产生宏观贯通剪切裂纹,伴随着产生大量声发射信号,声发射累计振铃计数和能量加速增长,峰后阶段趋于稳定。节理倾角为60°的试件破坏形式属于剪切破坏,节理萌生最早发生在①处内部顶端,在①与②之间较早产生明显压缩次生裂纹,伴随着声发射能量的高响应值,耗散能随着节理扩散发展稳定增长,最后内部节理发育扩展沿②产生明显的剪切面发生破坏,如图2.36所示。

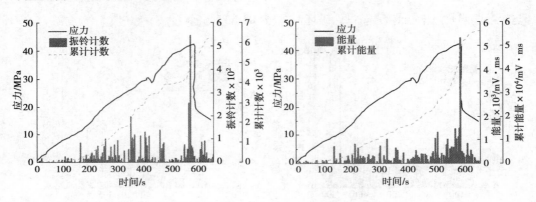

图2.35   节理倾角为60°应力-声发射参数-时间曲线

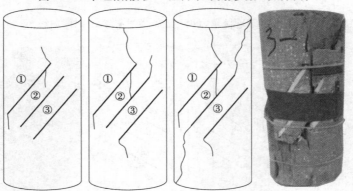

图2.36   节理倾角为60°试件破坏展开图

图2.37是试件在节理倾角为75°时单轴压缩条件下应力-声发射参数-时间曲线图,从图中可以看出,应力曲线与声发射振铃计数和声发射能量有较好的相关性。当节理倾角为75°时,在加载初期属于压密阶段;在330 s时,声发射振铃计数与能量产生较集中的信

号,对应应力应变曲线上升缓慢,声发射振铃计数和能量曲线缓慢增长,说明试件内部节理和预制节理内部颗粒和预制节理发育扩展;在 593 s 时产生较大的声发射信号,随后发生应力跌落现象,说明内部裂纹和预制节理裂纹发展贯通会产生大量的声发射信号,声发射参数值在应力达到最大值时同时突变达到较小的峰值,在应力跌落后未超过前期峰值应力时,声发射信号较弱,出现了明显的 Kaiser 效应,说明试件有明显的受载记忆特性;加载至 789 s 时试件宏观裂纹不断扩展贯通,导致张拉劈裂面产生,声发射振铃计数和能量达到最大值,累计振铃计数和能量信号曲线加速增长,峰后阶段声发射累计曲线几乎不再增加。图 2.38 是节理倾角为 75°试件破坏展开图,节理倾角为 75°的试件,其最终破坏形式基本为张剪混合破坏,首先在③下端、①和②处形成翼裂纹,声发射能量较早出现较大值。随后在②处形成拉伸裂纹与翼裂纹连接产生次生裂纹,节理间产生了较明显的压缩次生裂纹,由于压缩裂纹与翼裂纹没有明显的发育,前期所产生的声发射能量较小。最后随着应力的增加进而扩展,在②处明显看到剪切面的出现,伴随着最大能量响应值,试件释放大量能量。

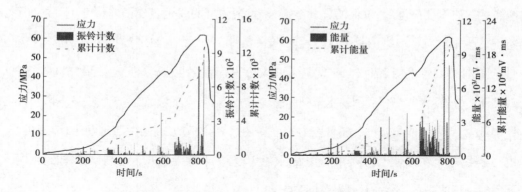

图 2.37　节理倾角为 75°应力-声发射参数-时间曲线

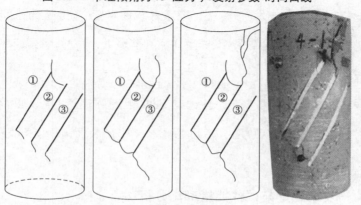

图 2.38　节理倾角为 75°试件破坏展开图

从图 2.31—图 2.38 中可以看出,预制节理试件的应力-声发射-时间曲线存在相同趋势,声发射与应力曲线有着良好的对应关系,随着荷载逐渐增大,AE 事件由前期低能量、小裂纹事件向高能量大事件转化,大量微破裂、扩展,最终贯通为宏观裂纹。试件完全破坏且大部分能量得到释放,各破裂类型数量随节理倾角的增大而减小,线性张拉破坏所占比例随节理倾角的增大而减小,线性剪切破坏、混合张剪破坏所占比例随节理倾角的增大而增大,试件的拉伸裂纹扩展可以是稳定的,随荷载的上升而扩展,扩展速率缓慢,是可以观察和可控的。但剪切型裂纹的扩展是不稳定的,当荷载增到一定程度后会瞬间发生,裂纹扩展速度与介质的声速在一个数量级会导致试件的突然失稳现象。在加载变形过程中基本可分为 4 个阶段,即初始压密阶段、弹性变形阶段、非稳定破裂发展阶段和应力峰后阶段。

第一阶段:初始压密阶段。在此阶段由于试件非均质性,在轴压逐渐增大的过程中试件内部存在的裂纹、孔隙开始闭合,释放部分能量,伴随着产生少量声发射信号,应力应变曲线斜率逐渐增大,试件的强度增大,声发射信号曲线也表现出非线性上升的变形特征。

第二阶段:弹性变形阶段。应力应变曲线几乎呈现线性上升特征,由于内部仍有一些缺陷存在,初期预制节理周围基本无破坏出现,声发射信号较为稳定,产生较多小事件,事件率较大,声发射能量较小。随着应力的增加,由于预制节理周围微节理萌生,节理尖端应力集中明显,试件发生起裂现象,声发射曲线呈现出非线性上升,声发射现象较为明显,而后裂纹释放能量,声发射计数保持稳定。

第三阶段:非稳定破裂发展阶段。应力应变曲线速率变小,随着预制节理周围沿着轴向应力方向扩展形成局部贯通破裂面,产生应力跌落现象,声发射信号速率明显增大,伴随较大的声发射计数值。

第四阶段:应力峰后阶段。峰值后应力应变曲线出现了迅速的应力跌落,应变变化较小,此时裂纹快速扩展贯通,含节理试件发生脆性破坏,破裂面错动使声发射信号呈直线上升,达到最大值。

2.5.2 声发射能量与试件能量对比分析

从图 2.39 中可以看出,在加载初期,外界输入能量较少,内部裂纹未发育、扩展。随着加载的进行,裂纹扩展,声发射累计能量增大,并释放出弹性能。可以看出试件强度越高,声发射能量相对越大,试件内部所产生的破坏更剧烈,耗散的能量更多。从声发射能量-当量化强度曲线来看,不同试件加载初期静默期的声发射参数曲线的趋势与其强度曲线趋势有良好的对应,而活跃期与强度变化曲线呈相反的变化特点。节理倾角为30°和75°的试件初期加载声发射信号弱且持续时间较长,对应的活跃期越短,声发射信号"突变"至较大值,说明在试件加载初期试件内部发生破裂较少,表现为能量突然释放转换成耗散能发生破坏,在加载后期发生较为强烈的破坏。节理倾角为45°和60°的试件加载初期就能快速进入活跃期,活跃期持续时间较长,在峰值强度前声发射信号最大值较小,表现出能量渐进释放的特征,说明试件破坏特征相对缓和一些。

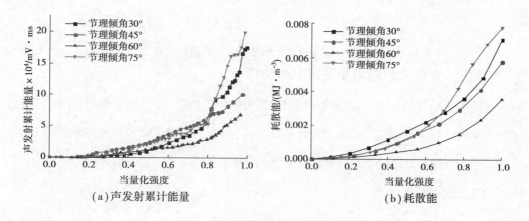

（a）声发射累计能量　　　　　　　　　（b）耗散能

图 2.39　声发射能量与耗散能随强度变化曲线

从图 2.40 中可以看出,由于试件裂纹尖端出现的塑性区很小,由此产生的声发射能量与因裂纹开裂和扩展产生的耗散能量相比很小,大约相差五六个数量级。试件声发射能量与吸收能量曲线呈指数增加趋势,节理倾角为45°和60°的试件拟合曲线前期斜率增长快,说明其破坏发生较早,破坏特征比较缓和。在加载至塑性阶段前,试件储存了大量的能量,而声发射累计能量并未发生较大变化,继续加载试件裂纹发生贯通破坏,累计声发射能量急剧增加,在此阶段节理倾角为30°和75°的试件斜率增长速度较其他更快,说明其破坏特征较为剧烈。试件声发射能量与耗散能曲线呈线性增加关系,说明声发射能量与耗散能有相同的变化趋势,在加载前期节理倾角为45°与60°的试件声发射能量增长速度较快,试件内能量尚未累积到较高水平即发生释放。在低应变下即可观察到断裂能释放试件,这是由于当节理角与试件的摩擦角基本一致时,试件内较低的能量累计即可引起剪切型破坏。在峰值应力前节理倾角为30°与75°的试件中声发射能量增长速度变快,说明其声发射信号突增且大于耗散能增长速度,产生较强的破坏特征。

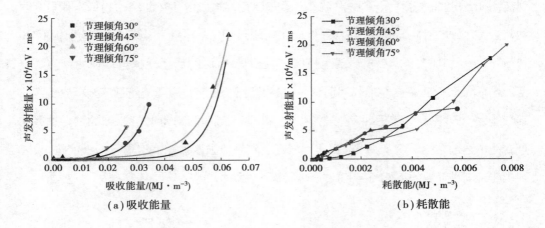

(a) 吸收能量   (b) 耗散能

图 2.40　声发射累计能量与试件能量的关系

2.5.3　循环加卸载力学及声发射特性

在地下开挖工程中,围岩通常会受到加卸荷应力环境的影响。单轴循环加卸载下的试件力学特性与静态荷载下的力学特性有很大不同,所以有必要对试件在单轴循环加卸载作用下的强度特征及变形规律等进行细致的分析和研究。

（1）应力应变曲线

图 2.41 为试件单轴循环加卸载试验应力应变曲线,由图可知,曲线随着应力的增加出现了明显的迁移效应,说明随着加卸载循环次数的增加,试件内部损伤不断加剧,曲线在峰值后应力迅速发生跌落,伴随着突然破坏的特征,试件应力-应变曲线在每级应力下卸载完成后重新加载时,加载曲线基本与上级加载曲线斜率保持一致,说明试件具有明显的变形记忆性。随着循环次数的增加,每级加载曲线的斜率逐渐增加。由曲线可以看出卸载曲线相较加载曲线斜率小,每次加载都形成"两端尖、中间宽"的闭合滞回环。由于不可逆塑性变形的存在,每次卸载后变形不能回到原应变值,随着循环次数的增加,滞回环的面积逐渐变大,卸载曲线的斜率逐渐增加,原因是试件在加载过程中新节理与预制节理不断扩展交汇,产生较大的塑性变形,所耗散的能量逐渐增加。

循环加卸载与单轴加载参数,见表 2.12。

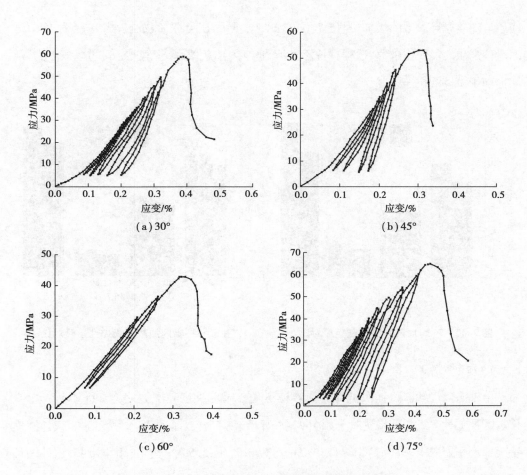

图 2.41　试件单轴循环加卸载试验应力应变曲线

表 2.12　循环加卸载与单轴加载参数

试件编号	节理倾角	循环加载		单轴加载	
		峰值强度/MPa	弹性模量/GPa	峰值强度/MPa	弹性模量/GPa
3-1#	30°	59.86	24.21	56.0	23.15
3-2#	45°	52.14	20.12	49.9	19.36
3-3#	60°	42.51	14.74	41.3	14.15
3-4#	75°	68.93	26.86	62.5	25.44

（2）峰值强度

从图 2.42 中可以看出，在不同节理倾角下，循环加卸载抗压强度比单轴压缩依次分别增加了 6.89%，4.49%，2.93%，10.29%。对于节理倾角为 75° 的试件滞回环次数比其他倾角多，抗压强度增加比例也高于其他角度试件，由此可见，循环加卸载对试件有强化作用。随着循环次数的增加,强化作用更为明显,原因在于在加载过程中,新产生的节理面滑移产生的晶粒,在卸载过程中掉落充填到空隙中,提高了节理面之间的摩擦能力,从而提高了试件的抗压强度。

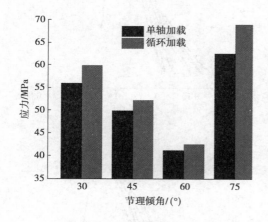
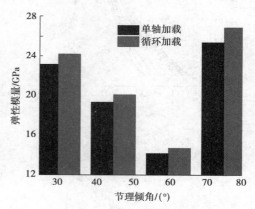

图 2.42 不同加载方式抗压强度对比　　　　图 2.43 不同加载方式弹性模量对比

(3)弹性模量

单轴循环加卸载过程中试件的弹性模量随着循环加卸载次数的增加而不断发生变化。两种加载方式弹性模量对比如图 2.43 所示,在不同节理倾角下,循环加卸载弹性模量比单轴压缩依次分别增加了 4.58%,3.93%,4.17%,5.58%,其中,倾角为 45°试件增长幅度最低,以图 2.10 试件不同倾角的试件应力应变曲线为例,采用式(2.12)和式(2.13)进行弹性模量的计算,弹性模量随循环次数的变化规律如图 2.44 所示。

$$E_{i+} = \frac{\sigma_{Bi} - \sigma_{Ai}}{\varepsilon_{Bi} - \varepsilon_{Ai}} \tag{2.12}$$

$$E_{i-} = \frac{\sigma_{Ci} - \sigma_{Di}}{\varepsilon_{Ci} - \varepsilon_{Di}} \tag{2.13}$$

式中　E_{i+}——第 i 次加载阶段弹性模量,Pa;

　　　E_{i-}——第 i 次卸载阶段弹性模量,Pa;

　　　σ_{Ai},σ_{Bi}——第 i 次加载阶段区间内应力,Pa;

　　　σ_{Ci},σ_{Di}——第 i 次卸载阶段区间内应力,Pa。

图 2.44 给出了循环加卸载下的弹性模量变化规律,可以看出,随着循环加卸载次数的增加,弹性模量呈现出先增大后减小的趋势,每个试件都在第 1 个循环滞回环弹性模量上上升明显,弹性模量迅速增强,之后加卸载循环滞回环弹性模量继续增大,增速相较之

前变慢,循环加卸载到一定程度时,弹性模量开始减少直至被破坏。

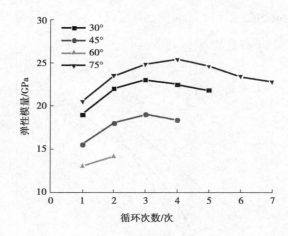

图 2.44 弹性模量随循环次数的变化规律

弹性模量变化的原因是在第一个加卸载循环中,试件内部节理和预制节理的闭合使其压密,试件内部颗粒之间、颗粒与胶结物之间重新进行了调整和排序,试件未发生宏观破坏。被压密的内部节理部分在卸载过程中未得到释放,致使在下一个加载过程中弹性模量大幅增大,随着循环次数的增加,加卸载应力变大,试件内部节理继续扩展并贯通,产生较大的宏观裂纹,损伤程度不断增加,使试件承载能力下降,弹性模量不断下降直至试件被破坏。

2.5.4 能量特征分析

试件在循环加卸载的作用下,输入试件的能量不断增加,主要以储存的弹性应变能为主,卸载曲线表示释放弹性能,其中,加卸载形成滞回环的面积表示以塑性变形的塑性应变能,随着加载的进行试件吸收的能量不断增大,耗散能逐渐增大。试件的损伤破坏与能量的转化、耗散存在直接关系,因此,对循环加载作用下的能量进行分析,计算式为

$$U_i = \int_B^C \sigma_{i加} \mathrm{d}\varepsilon_i \tag{2.14}$$

$$U_i^e = \int_B^C \sigma_{i卸} \mathrm{d}\varepsilon_i \tag{2.15}$$

$$U_i^d = U_i - U_i^e = \int_B^C \sigma_{i加} \mathrm{d}\varepsilon_i - \int_B^C \sigma_{i卸} \mathrm{d}\varepsilon_i \tag{2.16}$$

式中 B,C——应力卸载处、加载处的应变值;

$\sigma_{i加}, \sigma_{i卸}$——应力对应的加卸载曲线函数。

通过上式可以计算出每次加卸载循环下曲线形成滞回环面积,进而得出试件在加卸载过程中各个阶段能量的变化,得到的总应变能可以绘制图2.45,得到随着加载应力不断增加试件吸收能量 U、弹性应变能 U^e 及耗散能 U^d 的变化规律。

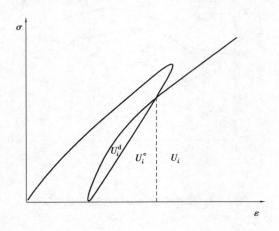

图2.45　循环加载能量示意图

(1)能量随节理倾角的变化规律

图2.46分别为节理倾角为30°,45°,60°和75°的平行节理试件在单轴循环荷载作用下,总吸收能量、可释放弹性应变能、耗散能随轴向应力变化的关系曲线图。从图中可以看出,能量在加载过程中各个阶段表现出不同的变化规律,各个试件能量呈非线性增长。在加载初期能量增长速率较低,试件吸收能量与弹性应变能增长趋势保持一致,能量曲线基本平行,说明试件在加载过程中主要以弹性应变能的形式储存在试件内部,随着加载过程的进行,试件内部裂纹萌生、发育和扩展,试件吸收能量和可释放应变能曲线增长速率开始变大,明显高于耗散能增长速度,随着裂纹与预制节理交汇贯通,弹性应变能相对吸收能量增长速度放缓,使耗散能突然变大。在加载的最后阶段,储存在内部的弹性应变能以其他能量的形式释放,造成试件的宏观破坏。

其中,虽然节理倾角为60°的试件峰值强度低,加载至破坏时循环次数少于其他角度试件,但是在图中可以发现,同等强度下,倾角为60°的试件的能量大于其他倾角能量,反映出试件越接近破坏时其各个能量值就越大,但不能直观地反映出强度大的试件具有更高的能量特征,于是对应力进行了归一化处理,如图2.47所示,将各试件统一到同一变形阶段,这样可以更可靠地分析在相同加载阶段试件能量的真实变化过程。

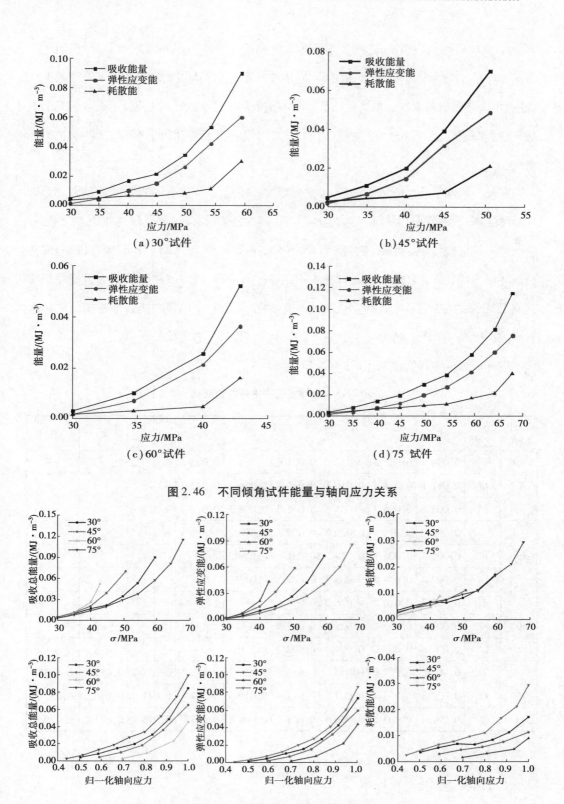

（a）30°试件 　　　　　　　　（b）45°试件

（c）60°试件 　　　　　　　　（d）75 试件

图 2.46　不同倾角试件能量与轴向应力关系

图 2.47　能量变化与应力-关系曲线

从图2.47中可以看出,不同节理倾角试件在第一个循环中曲线基本重合,在循环中各试件均呈非线性增长,节理倾角为60°的试件在第二个循环中增速较快,率先进入塑性阶段,可以看出该角度的能量快速增长阶段占整个加载过程的占比较高,在进入第三个循环时达到峰值强度,当归一化轴向应力为1时,可以看出节理倾角为60°的试件消耗的能量最小。

在加载前期试件各能量变化不大,其中耗散能较低,说明试件将吸收的能量大部分储存为弹性能,裂纹发育扩展需要的能量较少,在试件接近破坏时,能量增速变快,在最后一个循环中试件吸收能量增长率分别为68.60%,78.63%,101.92%,41.52%,反映出试件在破坏前内部裂纹和预制节理发育进入不稳定扩展阶段,此时试件要消耗更多能量来使其交汇贯通发生宏观破坏,循环次数较少的试件在最后一个循环中能量增幅相比循环次数多的试件高,但增长量较小,说明循环次数少的试件破坏特征比较缓和。

加卸载过程中各能量变化,见表2.13。

表2.13　加卸载过程中各能量变化

节理倾角	循环次数	1	2	3	4	5	6	7	8	9
30°	U	0.004 7	0.009 5	0.016 8	0.021 6	0.034 6	0.053 5	0.090 2	—	—
	U^e	0.001 1	0.004 3	0.010 1	0.015 1	0.026 3	0.042 3	0.073 1	—	—
	U^d	0.003 6	0.005 2	0.006 7	0.006 5	0.008 3	0.011 2	0.017 1	—	—
45°	U	0.004 7	0.011 1	0.020 3	0.039 3	0.070 2	—	—	—	—
	U^e	0.001 9	0.006 7	0.014 8	0.031 8	0.059 0	—	—	—	—
	U^d	0.002 8	0.004 4	0.005 5	0.007 5	0.011 2	—	—	—	—
60°	U	0.003 2	0.010 1	0.026 0	0.052 5	—	—	—	—	—
	U^e	0.001 6	0.007 1	0.021 3	0.043 6	—	—	—	—	—
	U^d	0.001 6	0.003 0	0.004 7	0.008 9	—	—	—	—	—
75°	U	0.003 2	0.007 9	0.013 7	0.019 6	0.029 2	0.038 1	0.057 7	0.081 4	0.115 2
	U^e	0.000 8	0.003 4	0.007 3	0.011 9	0.019 6	0.027 1	0.041 0	0.060 2	0.085 8
	U^d	0.002 4	0.004 5	0.006 4	0.007 7	0.009 6	0.011 0	0.016 7	0.021 2	0.029 4

(2)弹性能占比变化规律

将不同节理倾角试件的弹性应变能占比随应力和归一化应力变化曲线绘制,如图

2.48所示,不同节理倾角试件的 U^e 占比随应力变化曲线表现为逐渐增大,前期增长速率较快,随着加载的进行 U^e 占比的增速放缓,增幅比前一循环低,接近破坏时 U^e 占比下降,说明在试件破坏时弹性能部分释放,消耗更多的能量进行裂纹发展贯通,在不同节理倾角试件的 U^e 占比随归一化应力变化曲线可以看出,试件峰值强度越高其弹性应变能占比越大,说明节理倾角为75°的试件内部节理与预制节理处应力集中现象不明显,节理扩展贯通速度较慢,储存的弹性应变能更多,对应耗散能值相较其他试件大,破坏特征较为明显。

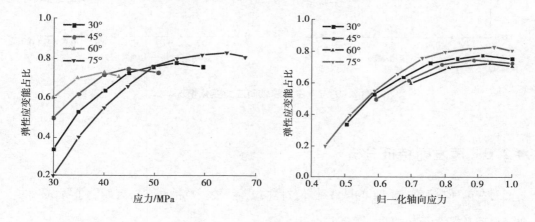

图2.48 U^e 占比随轴向应力变化情况

极限储能为不同节理倾角的试件在达到峰值强度时,内部所存储的可释放弹性能。不同节理倾角中60°的试件极限储能最小,75°节理倾角的试件最大,30°和45°节理倾角的试件次之,说明节理倾角为60°对试件影响最大,其变形形式为剪切破坏,用于裂纹扩展摩擦的耗散能量占比最大,极限储能就越小。试件的极限储能与峰值强度具有良好的相关性,峰值强度越大试件存储的可释放弹性应变能就越大。

(3)耗散能占比变化规律

将不同节理倾角试件的耗散能占比随应力和归一化应力变化曲线绘制,如图2.49所示,不同节理倾角试件的 U^d 占比随应力变化曲线表现为逐渐减小,前期降低速率较快,随着加载的进行,U^d 占比的降速放缓,降幅比前一循环少,接近破坏时 U^d 占比上升,说明在试件内部裂纹发展与预制节理交汇贯通时产生更多耗散能发生破坏,在不同节理倾角试件的 U^d 占比随归一化应力变化曲线中可以看出,不同节理倾角中60°的试件耗散能占比最大,75°的试件最小,30°和45°的试件次之,说明倾角为60°的试件内部节理与预制节理处应力集中现象明显,节理扩展贯通速度更快,其破坏时所消耗的能量占比较大,但相较其他试件耗散能值较小,破坏特征较缓。

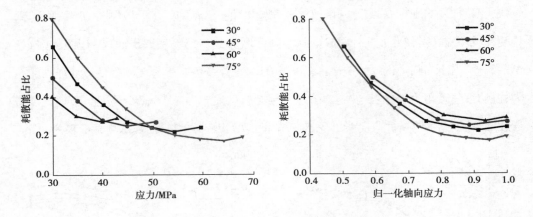

图 2.49 U^{d} 占比随轴向应力变化情况

✱ 2.6 声发射特征分析

对在循环加卸载作用下的试件破坏过程中进行声发射特征研究,有助于了解试件的破坏机理及科学评价试件的稳定性。

2.6.1 声发射信号分析

在循环加载过程中,试件同样伴有内部节理的压密、发育、扩展和交汇贯通,最后发生宏观破坏,声发射信号在加载、卸载过程中都会产生,试件在不同节理倾角下的单轴循环荷载试验下应力、累计声发射振铃计数与时间关系曲线如图 2.50 所示,可以看出不同节理倾角试件在循环加载过程中声发射累计振铃计数曲线的发展规律保持一致,在循环加载前期有较少的声发射信号产生,试件处于压密状态,随着加载的进行进入弹性变形阶段,30°和45°节理倾角的试件声发射振铃计数有较大增幅,而60°和75°节理倾角的试件增幅较小,说明在循环加卸载中试件强度低的试件在弹性阶段节理扩展较为明显,当循环加载接近破坏时声发射信号增幅出现明显增大,其中节理倾角为60°的试件第 3 次循环就进入破坏阶段,声发射信号呈"陡增"趋势,但声发射累计振铃计数均小于其他试件,破坏特征不明显,原因是内部节理在加载初期就发展迅速,声发射信号较大,与预制节理交汇贯通较早形成宏观节理,接近破坏时相较其他试件声发射信号增量小,破坏特征较缓。从图中可以明显看出,节理倾角为45°和60°的试件在加载初期声发射振铃计数较大,加载后期最大声发射增量较小,节理倾角为 30°和 75°的试件在加载初期声发射振铃计数较小,加载后期声发射增量较大。

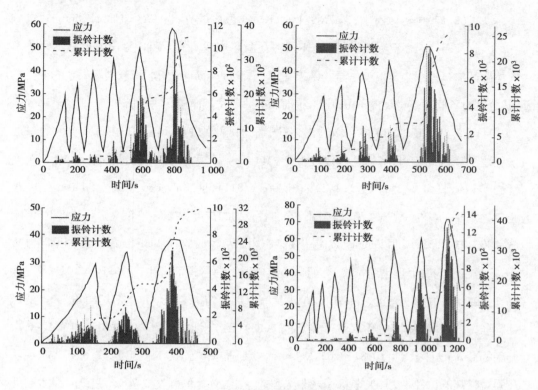

图 2.50 应力-声发射振铃计数-时间曲线图

2.6.2 Kaiser 效应与 Felicity 效应分析

可以发现在每次循环的加载阶段,当加载应力达到上次最大加载应力时,声发射累计振铃计数曲线会出现明显拐点。试件声发射 Kaiser 效应是当应力低于前一循环最大应力时,声发射信号较少,当应力超过前一循环最大应力时,声发射信号迅速增多,表明试件在不同循环加卸载阶段具有明显的声发射 Kaiser 效应,由于试件在变形过程中的裂纹发育扩展随着应力减小不会发生更多破裂现象,当应力超过前一循环最大应力时,声发射信号才会重新出现。Felicity 效应是当应力低于前一循环最大应力时,声发射信号就会出现明显增多的现象,此时的应力值与前一循环的最大应力的比值叫作 Felicity 比。其计算式为

$$FR_i = \frac{\sigma_{i+1}}{\sigma_{i\max}} \tag{2.17}$$

式中 FR_i ——第 i 个循环中的 Felicity 比;

σ_{i+1} ——第 $i+1$ 次加载的产生大量声发射信号时的应力水平,Pa;

σ_{imax}——前一循环最大应力,Pa。

从式(2.17)中可以看出,当 $FR_i \geqslant 1$ 时,Kaiser 效应成立;当 $FR_i < 1$ 时,Felicity 效应成立。因此,Felicity 比可以更广泛地描述试件在循环加载中的不可逆程度。根据不同节理倾角循环加载过程中声发射信号的结果,图 2.51 为 Felicity 比随加卸载循环次数的变化曲线,分别对不同角度试件的 Felicity 比随循环次数变化规律进行对比分析。

从图 2.51 和表 2.14 中可以看出,不同倾角试件的 Felicity 比随着循环次数的增加呈现逐渐降低的趋势,降低速率逐渐变大,其中,节理倾角为 75°的试件在第 2～6 次循环的 Felicity 比分别为 1.14,1.1,1.08,1.06,1.01,说明 Kaiser 效应成立,Kaiser 效应对应应力水平为峰值强度的 74.18%,随着加载应力的提高,在第 7～8 次循环的 Felicity 比分别为 0.83,0.55,说明 Felicity 效应在较高应力水平时成立,Felicity 比较加载初期明显减小,这是由于内部节理迅速扩展、交汇贯通使声发射信号提前发生,这样 Felicity 比可以很好地反映试件的损伤程度,Felicity 比越小代表试件损伤程度越严重。节理倾角为 30°的试件同样符合这种规律,在第 2～4 次循环的 Felicity 比分别为 1.1,1.08,1.02,在第 5～6 次循环的 Felicity 比分别为 0.81,0.62,Kaiser 效应对应应力水平为峰值强度的 69.01%,说明在强度较高的试件中,试件的 Kaiser 效应范围上限约为峰值强度的 70%,在该阶段主要处于弹性阶段,试件主要以弹性变形为主,塑性变形产生的声发射现象较少,声发射信号恢复显示出迟滞状态,当加载应力超过 70%时,试件产生的不可逆变形增多,声发射现象在上次最大应力之前突增,导致 Felicity 比急剧减小,产生 Felicity 效应。节理倾角为 45°和 60°的试件在循环加卸载过程中只产生 Felicity 效应,这是由于节理倾角使试件峰值强度降低,在第 2 次循环加载时分别已到峰值强度的 54.76%,56.43%;未经历初期加载阶段和弹性变形阶段,第 2 次循环加载时 Felicity 比分别为 0.94,0.79。根据上述研究,应力在70%左右 Kaiser 记忆效应基本消失,节理倾角为 45°的试件 Felicity 比接近于 1,印证了Kaiser 效应的范围上限是合理的。不同节理倾角的试件 Felicity 比分别为 0.62,0.68,0.69,0.55,与其峰值强度有着良好的对应关系,说明 Felicity 比同时反映出了试件的损伤程度。

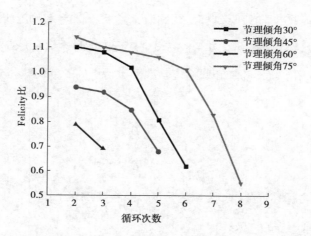

图 2.51　不同节理倾角下 Felicity 比与循环次数的关系

表 2.14　不同节理试件 Kaiser 应力与 Felicity 比对应关系

循环加载次数	30°		45°		60°		75°	
	σ_{imax}	FR 值	σ_{imax}	FR 值	σ_{imax}	FR 值	σ_{imax}	FR 值
2	33.41	1.1	28.55	0.94	23.99	0.79	34.62	1.14
3	38.27	1.08	32.60	0.92	24.45	0.69	38.98	1.1
4	41.31	1.02	34.42	0.85	—	—	43.74	1.08
5	36.90	0.81	30.98	0.68	—	—	48.29	1.06
6	31.38	0.62	—	—	—	—	51.13	1.01
7	—	—	—	—	—	—	46.22	0.83
8	—	—	—	—	—	—	33.41	0.55

2.6.3　加卸载响应比

尹祥础等[66]基于损伤力学和非线性科学提出了加卸载响应比理论,将加载响应与卸载响应的比值定义为加卸载响应比,可以用来定量研究材料的损伤程度和非线性系统破坏失稳演化过程。其计算式为

$$Y = \frac{X_+}{X_-} \tag{2.18}$$

式中　X_+ 和 X_-——加载过程和卸载过程的响应值。

响应值可按下式进行计算:

$$X = \lim_{\Delta P \to 0} \frac{\Delta R}{\Delta P} \tag{2.19}$$

式中　ΔP 和 ΔR——应力 P 和响应 R 对应的变化量,Pa。

　　当试件处于加载初期阶段时，X_+和X_-的值比较相近，加卸载响应值Y约为1，随着加载到损伤破坏阶段，Y值会有所增加，Y值在试件接近破坏时达到最大值。

　　可以利用声发射能量作为加卸载响应参数Y进行试件的损伤演化分析，根据下式进行计算。

$$Y = \frac{\sum_{i=1}^{N^+} E_i}{\sum_{i=1}^{N^-} E_i} \tag{2.20}$$

式中　E——试件在循环加载中声发射信号吸收的能量，MJ/m^3；

　　　　N^+——加载过程的次数；

　　　　N^-——卸载过程的次数。

　　在循环加载过程中不同节理倾角试件会产生不同程度的损伤破坏，声发射信号与试件破坏有着密切的关系，因此，可以利用循环加载过程中的声发射能量表征试件的损伤演化过程。以循环加载过程中能量随时间变化规律为根据，得出不同节理倾角的加卸载响应比Y随循环次数的变化规律如图2.52所示，对应力进行了归一化处理，将各试件统一到同一变形阶段，这样可以更可靠地分析在相同加载阶段试件加卸载响应比的真实变化过程如图2.53所示，表2.15为不同节理倾角试件每个循环周期声发射能量比值。

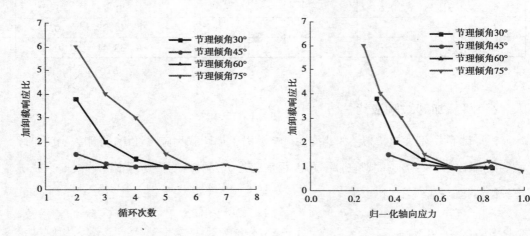

图2.52　加卸载响应比随循环次数变化规律　　图2.53　加卸载响应比随轴向应力变化规律

　　从图2.52中可以看出，加卸载响应比随循环次数的增多逐渐减小，最终Y值集中在1附近，该规律曲线不能真实地体现出每个加载阶段的变化，于是对归一化轴向应力-加卸载响应比进行分析，结合图2.52和图2.53可以看出，在初期循环加载阶段中加卸载响应比较大，说明加载过程声发射能量大于卸载过程声发射能量，其中75°试件第2次循环加卸载响应比达到了 6，这是因为试件内部节理闭合发生不可逆变形产生的损伤，但是声发射信号主要集中在加载阶段，因此初期 Y 值较大。当进到弹性阶段和塑性阶段时，加卸载响应比迅速下降到 1 左右，保持相对稳定，说明加载过程声发射能量基本接近卸载过程声发射能量，由于此加载阶段的声发射信号主要产生于内部新节理和预制节理的稳定发展，在卸载阶段节理产生的不可逆变形较大对试件产生了较大的损伤，损伤随加载过程的进行不断变大，加卸载响应比趋近于 1，当试件接近破坏时，试件内部节理与节理交汇贯通发生宏观破坏面，加卸载响应比会保持在 1 附近。从图 2.53 中可以看出，节理倾角为 75° 的试件在第 6 次循环所对应的归一化轴向应力为 69%，节理倾角为 30° 的试件在第 5 次循环所对应的归一化轴向应力为 68%，节理倾角为 45° 的试件在第 4 次循环所对应的归一化轴向应力为 66%，节理倾角为 60° 的试件在第 2 次循环所对应的归一化轴向应力为 59%。由此可以得出，当应力达峰值强度的 60% ~ 70% 时，加卸载响应比下降为 1，说明试件在加卸载过程中应力达 60% ~ 70% 时即将发生破坏，这可作为试件破坏失稳的判定依据。

表 2.15　循环加卸载下的试件声发射能量比

循环加载次数	30°		45°		60°		75°	
	E^+	E^-	E^+	E^-	E^+	E^-	E^+	E^-
2	2 632	693	4 648	3 099	15 523	17 058	350	58
3	2 781	1 390	7 725	7 022	34 326	36 133	446	112
4	4 204	3 234	8 230	8 573	—	—	2 382	794
5	39 472	41 550	53 027	54 109	—	—	1 964	1 309
6	42 012	45 174	—	—	—	—	7 331	8 145
7	—	—	—	—	—	—	30 744	25 620
8	—	—	—	—	—	—	58 821	73 526

✳ 2.7　数值分析

2.7.1　选择数值软件

在地下工程开挖中受到加卸载作用，岩石平衡状态被破坏使内部节理产生应力集中现象，应力重新调整分布，因此，节理面对岩体工程的稳定性有着重要的影响，岩石作为一种复杂的非均质材料，本身具有较强的离散性，室内试验对岩石的力学性质研究会产生一定偏差，RFPA^{2D} 从微元强度的 Weibull 分布入手，建立起反映微观非均匀性与变形非线性相关联的弹性损伤模型,与室内试验结果具有良好的一致性,本章采用RFPA^{2D}对不同节理分布的岩石破坏演化过程和力学特性进行分析。

2.7.2 RFPA 软件设计原理

RFPA(Rock Fracture Process Analysis)是基于有限元应力计算分析与统计损伤理论的模拟真实破裂过程数值分析方法,考虑了岩石材料的非均匀性,可通过非均匀性模拟非线性,同时通过连续介质力学方法模拟非连续介质力学问题的材料破裂过程。其基本原理如下:

①将岩石介质模型离散化数值模型最终由细观基元组成,岩石介质在细观上是各向同性的弹-脆性介质。

②假定离散化后的细观基元的力学性质服从 Weibull 分布,建立细观与宏观介质力学性能的联系。

③按弹性力学中的基元线弹性应力、应变求解方法,分析模型的应力、应变状态。

④引入适当的基元破坏准则(相变准则)和损伤规律,基元的相变临界点用修正的 Coulomb 准则。

⑤基元的力学性质随演化的发展为不可逆。

⑥基元相变前后均为线弹性体。

⑦岩石介质中的节理扩展是一个准静态过程,忽略因快速扩展引起的惯性力的影响。

2.7.3 数值模型及模拟方案

1)建立模型

数值分析中采用的模型尺寸为 $\phi50 \times 100$ mm 的标准试件,模型网格单元划分为 $100 \times 200 = 20\ 000$ 个,如图 2.54 所示,将模型看成平面应力问题来研究,试件节理材料破坏准则选择莫尔-库伦准则,细观力学参数符合 Weibull 分布随机赋值。在通过大量数值模拟分析以及参考了大量文献发现均值度 m 取值为 3 时,室内试验结果与数值分析结果比较接近,故 RFPA 中以 $m = 3$ 的取值进行不同节理分布的模拟试验研究。

图 2.54　试件模型图

数值模拟分为单轴压缩试验、单轴循环加载试验两部分。由单轴压缩试验得出的试件基本力学参数经公式转换成数值分析中基元的力学参数,宏观峰值强度和弹性模量通过公式来确定数值模拟中的细观参数[67],其计算式分别为

$$\frac{f_{宏观}}{f_{细观}} = 0.260\ 2\ \ln m + 0.023\ 3(1.2 \leqslant m \leqslant 50) \tag{2.21}$$

$$\frac{E_{宏观}}{E_{细观}} = 0.141\ 2\ \ln m + 0.647\ 6(1.2 \leqslant m \leqslant 10) \tag{2.22}$$

式中 $E_{细观}$ 和 $f_{细观}$ ——在软件内输入的数值,即 Weibull 分布的细观抗压强度和细观弹性模量值,Pa;

$E_{宏观}$ 和 $f_{宏观}$ ——在室内试验中试件宏观抗压强度和宏观弹性模量,Pa。

根据式(2.21)、式(2.22)来计算细观参数值,在软件中重复进行完整试件单轴压缩实验,对每次试验结果输入的参数进行微调,最后得出与室内试验完整试件宏观抗压强度和弹性模量相近的细观参数值,试验中的相变准则参数控制参数取值见表2.16,试件细观力学参数见表2.17。

表 2.16 相变准则参数控制参数

控制参数	参数值	控制参数	参数值
最大拉应变系数	1.5	拉压比	0.1
最大压应变系数	200	残余阈值系数	0.1
破坏后泊松比系数	1.1	相变准则	库伦

表 2.17 试件细观力学参数

细观参数	密实部分平均值	节理平均值
抗压强度/MPa	242.12	1
弹性模量/GPa	36.71	1
泊松比	0.3	0.3
摩擦角/(°)	35	30
密度/(kg·m⁻³)	2 790	1 000

2)加载参数设置

建立数值模型之后,进行加载参数设置,加载方式选择 Y 轴负向位移增量的分步位移

控制,在单轴加载模型中每步加载位移量为 0.002 mm,在单轴循环加载模型中加载位移量为 0.002 mm/步,卸载位移量为 0.002 mm/步。

2.7.4　单轴压缩模拟试验结果分析

1)节理倾角对试件破坏的影响

图 2.55 为当节理间距一定时节理试件数值模拟分析的应力与加载步的关系曲线,当节理间距为 15 mm,节理倾角 α 分别为 30°,45°,60°,75°时,数值分析试件的单轴抗压强度分别为 59.1,46.5,43.6,70.5 MPa,其中,当倾角为 60°时,试件的单轴抗压强度为最小值。在室内试验结果中,试件的单轴抗压强度分别为 56.0,49.9,41.3,62.5 MPa,当倾角为 60°时,试件的单轴抗压强度达到最小值。图 2.56 为当节理间距一定时节理试件室内试验和数值模拟分析的单轴抗压强度关系图,可以看出,峰值强度越大加载步数越多,当节理间距为 15 mm 时,两组曲线均随节理倾角从 0°逐渐增至 90°时,峰值强度先逐渐降低,在 60°时达到最小值,最后在 75°时迅速增至最大值。

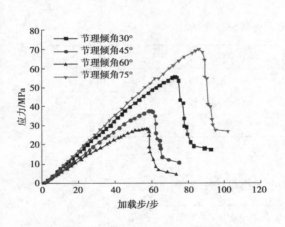

图 2.55　不同倾角下的应力与加载步的
关系曲线

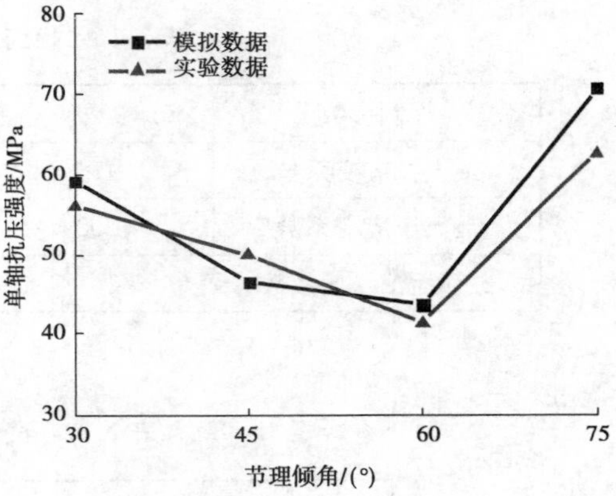

图 2.56　单轴抗压强度与节理倾角的关系
(s = 15 mm)

图 2.57 为不同节理倾角下试件最终破坏形态及声发射图,可以看出,试件的破坏形态和声发射信号集中位置不尽相同,节理倾角为 30°和 45°的试件主要发生张拉破坏,其裂纹方向主要与加载方向一致,裂纹以压拉裂纹为主,节理之间贯通程度较高,节理倾角为 60°和 75°的试件主要发生剪切破坏或张剪破坏,裂纹以剪裂纹为主,破坏形式主要以沿节理面贯穿到试件右上侧和左下侧,声发射信号高度聚集,节理面间裂纹相互作用较小,破坏形式剪切面较为明显,说明剪切裂纹与节理面间贯穿的压拉裂纹共同作用对试件的影

响最大,节理倾角为60°的试件强度最低,这与室内试验结果相对应。

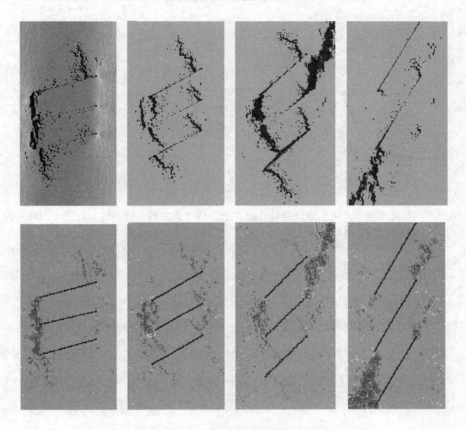

图2.57　不同节理倾角下试件最终破坏形态及声发射图

图2.58为不同节理倾角下声发射累计振铃计数随加载步的变化曲线,图2.59为声发射累计振铃计数与节理倾角的关系,可以看出,声发射累计振铃计数随加载步逐渐增大,在前期不同节理倾角的振铃累计计数曲线基本重合,表明在加载初期产生的声发射信号较少,随着加载的进行,节理倾角为45°和60°的试件增长速率较快,说明试件内部裂纹发展速度较快造成声发射信号增长迅速,节理倾角为30°和75°的试件增长速率相对缓慢,试件破坏特征不明显。加载至接近破坏时,节理倾角为30°和75°的试件累计振铃计数突增,增长速率明显大于其他两组试件,峰后阶段由于试件仍有大量声发射信号产生,曲线有所上升直至完全破坏。数值分析所得的声发射累计振铃计数表现为节理倾角为75°时最大,节理倾角为60°时最小,与室内试验所得数据规律保持一致。

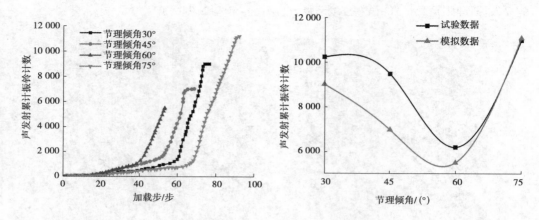

图 2.58　不同节理倾角下声发射累计振铃计数　图 2.59　声发射累计振铃计数与节理倾角的关系
　　　　随加载步的变化曲线

2）节理间距对试件破坏的影响

图 2.60 为当节理倾角一定时试件数值模拟分析的不同间距下的应力与加载步的关系曲线图,当节理倾角为 45°时,节理间距 s 分别为 5,10,15,20 mm 时,数值分析试件的单轴抗压强度分别为 35.1,42.55,47.9,57.5 MPa,其中,当节理间距为 20 mm 时,试件的单轴抗压强度为最大值。图 2.61 为当节理倾角一定时试件室内试验和数值模拟分析的单轴抗压强度关系图,从图中可以看出,当节理倾角一定时,试件的单轴抗压强度随节理间距的增大而随之呈线性增大的趋势,曲线可拟合为

$$y = 27.625 + 1.451x, R^2 = 0.982\ 14 \tag{2.23}$$

图 2.62 为不同节理间距下试件最终破坏形态及声发射图,可以看出,在节理倾角为 45°时,不同节理间距的试件主要裂纹方向与加载方向基本一致,均发生张拉破坏,节理间距对破坏模式影响较小。加载初期节理内外两端出现应力集中现象,产生主生裂纹,从试件持续加载过程中可以发现,在节理间距较小的情况下,节理间产生的次生裂纹迅速贯通节理,对试件强度造成较大弱化作用,节理间距较大的试件节理面间贯通节理较少,说明节理间距的增加减弱了节理倾角对试件强度的影响,使其力学性质更接近完整试件。

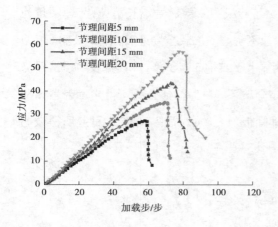

图 2.60　不同间距下的应力与加载步的关系曲线　　图 2.61　单轴抗压强度与节理间距的关系
　　　　　　　　　　　　　　　　　　　　　　　　　　　　　（$\alpha = 45°$）

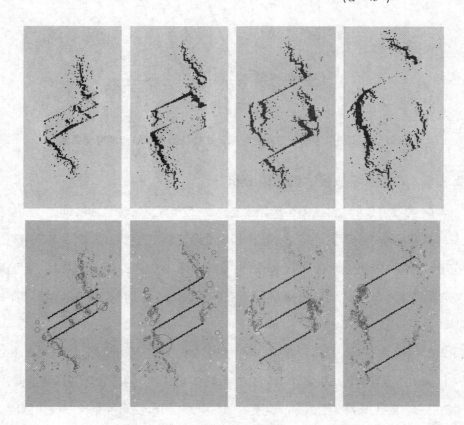

图 2.62　不同节理间距下试件最终破坏形态及声发射图

　　图 2.63 为不同节理间距下声发射累计振铃计数随加载步的变化曲线，可以看出，声发射累计振铃计数随加载步逐渐增大，在前期不同节理倾角的振铃累计计数曲线基本重合，表明在加载初期产生的声发射信号较少，随着加载的进行，节理间距为 5 mm 的试件增

长速率较快,说明试件内部裂纹发展速度较快将造成声发射信号增长迅速,节理倾角为20 mm 的试件增长速率相对缓慢,试件破坏特征不明显。加载至接近破坏时,节理间距为20 mm 的试件累计振铃计数突增,增长速率明显大于其他3 组试件,峰后阶段由于试件仍有大量声发射信号产生,曲线有所上升直至完全破坏。试件数值分析所得声发射累计振铃计数表现为节理间距为20 mm 时最大,节理间距为5 mm 时最小,与室内试验所得数据规律保持一致。

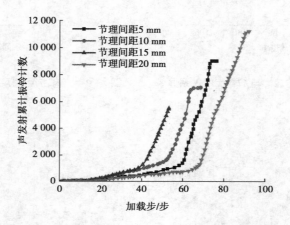

图 2.63 不同节理间距下声发射累计振铃计数随加载步的变化曲线

2.7.5 单轴循环加载试验结果分析

图 2.64 为数值分析软件所得循环加载应力、加载步和振铃计数曲线,可以看出,在加载初期没有声发射信号产生,在第 1 循环出现少量声发射信号,在第 2、第 3 循环中声发射信号在超过上循环峰值应力后才产生新的声发射信号,在第 4 循环中在未超过上循环最大应力时即产生大量声发射信号,由此可见,在循环加载过程中前期具有明显的 Kaiser 效应,加载后期则表现为 Felicity 效应。

图 2.65 为声发射累计振铃计数随归一化强度变化曲线,可以看出,第 1、第 2、第 3 循环归一化强度分别达到 0.6,0.66,0.75 时,卸载到 0.5 时声发射振铃计数保持不变,归一化强度在重复加载到该峰值强度时,声发射曲线继续上升,在第 4 循环归一化强度达到 0.83时,声发射累计振铃计数曲线在重复加载至前一循环峰值强度之前曲线就迅速上升,这证明在峰值应力的 75% 之前 Kaiser 效应比较明显,此时对应阶段为弹性阶段,而在裂纹非稳定破裂发展阶段表现出明显的 Felicity 效应,这与室内试验中所得的结果有良好的对应关系。

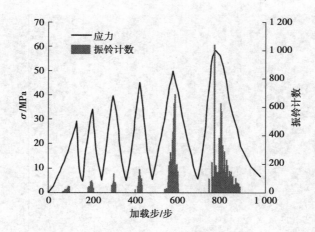

图 2.64　循环加载应力、加载步和振铃计数曲线

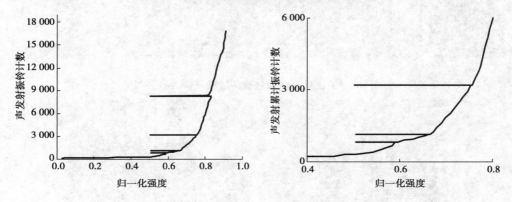

图 2.65　声发射累计振铃计数随归一化强度变化曲线

图 2.66 为 30°节理倾角试件循环加载破坏过程及声发射分布图,每个循环最高点分别对应第 98、第 202、第 297、第 421、第 597、第 882 步,从声发射分布图中可以看出,在加载初期第 98 步节理附近产生少量声发射信号,对应试件产生一些微节理,第 202 步节理声发射信号有所增加,试件产生主生翼裂纹,但并未贯通,在第 297 步节理①和②内端之间声发射信号集中,试件产生微裂纹局部破裂面,在第 421 步节理①,②,③内端之间声发射信号都贯通,此时加载至裂纹非稳定发展阶段,试件发生轻微破坏,之后在第 597、第 882 步声发射信号在主裂纹附近聚集,试件裂纹逐渐扩展发生明显的破坏现象,直至试件失稳破坏。

图 2.67 为不同节理倾角下试件循环加载最终破坏形态及声发射分布图,可以看出,试件的破坏形态和声发射信号集中位置不尽相同。

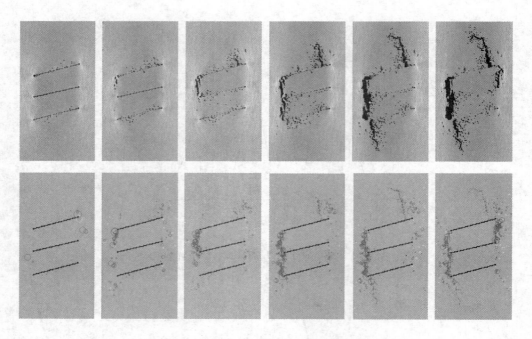

图 2.66   30°试件循环加载破坏过程及声发射分布图

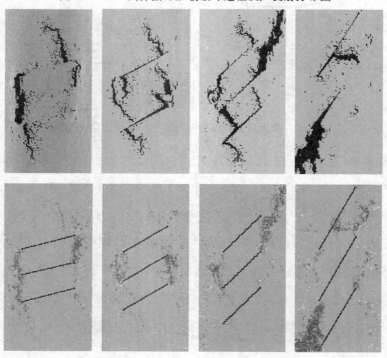

图 2.67   不同节理倾角下试件循环加载最终破坏形态及声发射分布图

节理倾角为30°的试件主要裂纹方向与加载方向基本一致,发生张拉破坏时,加载初期节理内外两端出现应力集中现象,随后产生翼裂纹,次生裂纹沿加载方向发展,很快与相邻节理主裂纹交汇贯通,加载至 50 步时①、②内端之间首先贯通,随后加载至 386 步时②、③内端之间贯通,裂纹扩展现象明显,最终发生张拉破坏。节理倾角为 45°的试件主要裂纹方向与加载方向基本一致,发生张剪破坏,加载初期节理端部出现应力集中现象,随后产生翼裂纹,①外端、③内端部附近产生翼裂纹,翼裂纹垂直于节理面发展,继续加载裂纹扩展方向转向加载方向,在②内端次生裂纹出现明显的裂纹扩展现象,最终节理面发生明显裂纹贯通,发生张剪破坏。节理倾角为 60°的试件主要裂纹方向为剪切面破坏,加载初期节理内外两端出现应力集中现象,加载至 47 步时③外端产生拉裂纹,在 286 步时①、②之间裂纹发生贯通,在到达峰值时,②外端与右上侧出现较大剪切破坏面,更容易出现宏观破坏现象,声发射信号高度聚集,最终沿节理面滑移发生剪切破坏。节理倾角为 75°的试件主要裂纹方向为张剪混合破坏,节理②产生翼裂纹,随后向右上侧发展,在到达峰值后,试件左下侧出现较大剪切破坏面,节理②出现明显的裂纹扩展现象,节理面之间未出现明显的贯通现象,因此试件强度受到的影响最小,在试件左下侧出现宏观破坏现象,声发射信号聚集,最终沿节理面滑移发生剪切破坏。

✳ 3.1 概　述

　　岩体工程中节理的存在对岩体的强度产生明显的影响,本章将从岩体中节理的力学性质、变形特性以及失稳破坏模式等方面进行深入分析,为设计阶段提供理论基础,得到相关规律,使节理在施工阶段保持稳定状态,从而实现指导工程项目的目的。

　　锚杆锚固技术由于其工艺简单、经济高效、锚固效果良好等特点,目前已被广泛应用于隧道巷道、基坑支护、堤坝边坡等岩土加固工程的各个领域,得到了专家学者的一致认可[68]。国内外学者利用理论研究和现场以及室内试验对锚杆的工作机理进行了大量的定量和定性分析。因岩体所处的地质条件不同使其具有复杂性和多样性,严重影响研究岩体的力学性质和工程应用,致使节理岩体锚固研究存在缺陷,无法准确系统地指导工程实际,从而制约锚固技术的发展。

　　通过对学者们的成果进行分析总结研究,进而从宏细观试验、理论方法等方面开展节理岩体的锚固力学特性研究,为锚固技术的发展和实际工程的应用助力,也为我国基础建设中的岩体锚固等相关问题提供可靠的技术支持。

✳ 3.2　不同角度与粗糙度的加锚节理岩体剪切试验设计

3.2.1　试验系统简介

1)单轴压缩试验系统

本节的单轴压缩试验是在辽宁工程技术大学土木工程学院岩土实验室 TAW-2000 电

液伺服岩石三轴试验仪上进行的,单轴试验系统示意图如图 3.1 所示。该系统由多个控制变换模式进行试验,对应的每种控制变换模式下有一种试验功能。TAW-2000 电液伺服岩石三轴仪可以进行的试验有岩石的单、三轴压缩试验及单、三轴蠕变试验。

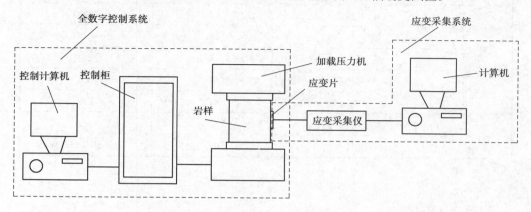

图 3.1　单轴试验系统示意图

TAW-2000 电液伺服岩石三轴仪试验机由加载系统、测量系统、控制器等部分组成,如图 3.2 所示,采用微机控制电液伺服阀加载和手动液压加载来完成全自动控制,主机与控制柜分开放置,试验机采用传感器测力,主机自动采集应力数据、位移和各类试验曲线,试验结果可靠度高。试验机参数见表 3.1。

图 3.2　TAW-2000 电液伺服岩石三轴仪试验机

表 3.1　设备技术性能指标

编 号	参 数	单 位	取 值
1	试验机整体刚度	GN/m	>10
2	轴向最大荷载	kN	2 000
3	有效测力范围	kN	40 ~ 2 000
4	测量力大小分辨率	N	20
5	测力精确程度	%	±1
6	施加围压最大值	MPa	100
7	围压精确度控制	%	±2
8	试件尺寸	mm	$\phi 50 \times 100$

2）剪切试验系统

利用自行制作的试件托架，如图 3.3 所示，在原有三轴压缩试验机的基础上，将试件从托架一侧插入，使预制节理面与插入侧托架边框内侧在同一竖直平面内进行剪切荷载试验。剪切试验系统实物图如图 3.4 所示。

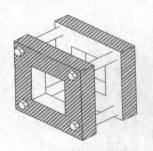  

（a）托架示意图　　　　　　　　（b）托架实物图　　　　　　　　（c）施加法向力

图 3.3　试件托架

图 3.4　剪切试验系统实物图

3.2.2 试件制备

(1)试件的制备

由于很难控制原岩试件中的节理分布以及节理形状和大小,因此节理岩体试件一般由相似材料制作而成。根据材料相似原理以及在前人研究的基础上,满足模型材料与原样材料几何相似和物理相似的原则,在保证材料一致性的前提下,采用标号42.5普通硅酸盐水泥、天然河沙作为细骨料,按照水泥∶砂∶水为1∶1∶0.45比例的相似模拟材料制作不同形式的节理试件,试件几何尺寸为100 mm × 100 mm × 100 mm,本次试验由于采用单一配合比的相似模拟试验,因此试件的强度是固定的。在试件制作中,锚杆选用HPB300型光圆钢筋制作,其屈服强度为300 MPa,设定直径8 mm,长110 mm,锚杆锚固方式为全长式锚固。

试件成型后立即用不透水的塑料薄膜盖住试件表面,成型后的试件应在温度为(20 ± 5)℃的环境下静置两天两夜,之后对试件编号,拆模。拆模后将试件立即放置于温度为(20 ± 2)℃,相对湿度在95%以上的标准养护室中养护。标准养护室内的试件应放在支架上,彼此间隔10~20 mm,试件表面应保持潮湿,但不得用水直接冲淋。标准养护28天后方可进行后续试验。

(2)试件节理角度与粗糙度的预制

本节主要研究全贯通节理试件的相关性质,因此,需要制备大量贯通节理试件,准确地预制出节理角度与节理面粗糙度将成为重中之重。目前节理面角度与粗糙度的预制主要依靠于根据节理形态切割完整试件后拼接、制作试件前预埋钢片或薄膜、3D打印节理形态模具等手段。本试验采用的节理预制方式为:以节理面为界,分开制作上下含节理试件的部分,然后将两部分沿着节理面拼接起来。此次试验制作试件的节理倾角设置为0°,30°,45°,60°,如图3.5所示。

实际上JRC是表征节理面粗糙性的一个几何参数。本节建立了节理剖面的理论分形模型,模拟节理剖面的粗糙度。节理的分形维数 D 直接由两个统计参数 L 和 h(L,h 分别为节理面粗糙度的平均基长和平均高度)估计,即

$$D = \lg 4 / \lg \{ 2 [1 + \cos (\arctan (2h/L))] \} \tag{3.1}$$

$$JRC = 85.267 (D - 1)^{0.5679} \tag{3.2}$$

本次试验的节理面粗糙度系数 JRC 分别取3,9,16,21,节理面粗糙度的平均基长为

25 mm,其平均高度分别为 1.6,4.0,7.0,9.5 mm。不同 *JRC* 值的节理面曲线设计图如图 3.6 所示。本试验节理面粗糙度的预制方法为:设计不同粗糙度的锯齿形木模,该木模具有不同的倾斜角度,用来实现不同节理角度下的表面粗糙度,木模成对制作,因此含节理试件上下两部分必须成对浇筑,以保证两部分试件能够完全吻合。

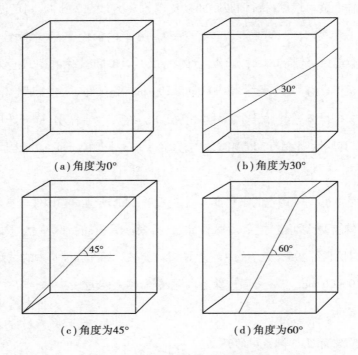

(a) 角度为0° (b) 角度为30°

(c) 角度为45° (d) 角度为60°

图 3.5 不同节理倾角的节理试件

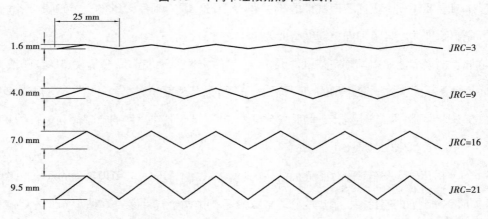

图 3.6 节理面曲线

不同节理面粗糙度试件的制作过程如下:首先将前期准备的木模放入标准的模具中(为了能够更顺利地脱模,必须给放入模具的木模表面以及模具内部均匀地刷一层润滑油)。为保证制作的试件达到标准规格,将放入的木模压紧从而保证木模与模具之间没有空隙。其次按所设计的配合比拌和相似模拟材料,多次反复地搅拌保证其质地均匀,并将其灌注到之前准备的模具内后放置在振动台上振捣,排出浆体中的空气等保证成型试件的密实度,将内部空隙降至最低。振捣充分,将上表面的浮浆刮去后抹平表面,保证表面的平整光滑。最后将所制作的试件统一放置到水平阴凉地面,待试件初凝后脱模养护。

根据工程实际选择研究的岩体,制备岩体各项指标相近的相似模拟材料试件,如图 3.7、图 3.8 所示。使用模具进行 100 mm × 100 mm × 100 mm 试件的制备,其中,若干试件要进行节理的预制,不同节理面粗糙度、节理倾角的变化。

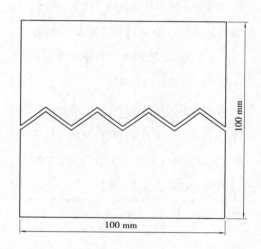

| 图 3.7 *JRC* 为 21 的试件示意图 | 图 3.8 加锚节理试件示意图 |

(3)锚杆的轴力的量测

锚杆选用 HPB300 型光圆钢筋制作,其屈服强度为 300 MPa,设定直径 8 mm,长 110 mm。采用细砂纸钢筋粘贴面进行交叉打磨,使试件表面呈细密、均匀粗糙毛面。打磨后的表面采用纯度较高的无水乙醇反复清洗,确保贴片部位干净。本次试验选用 BFH120-3AA 型电阻应变片,采用 1/4 桥接法连接。用 502 胶水将应变片沿锚杆轴向粘贴(每根锚杆上有 5 个应变片,位置如图 3.9 所示),然后用环氧树脂进行包裹来保护应变片。

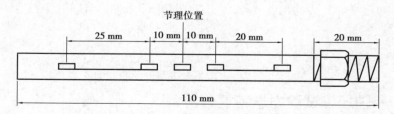

图 3.9 锚杆应变片布置示意图

（4）实验方案设计

控制节理面的长度、宽度等影响因素，研究不同应力路径下节理面粗糙度、节理倾角不同如何影响试件的抗剪强度。

本试验分别进行以下两种试验：一是无任何加固措施的含节理试件直剪试验；二是有锚杆加固的含节理试件直剪试验，模拟锚杆锚固作用；表3.2即为试验方案。

表3.2　试验方案表

试验类型	试验条件	试验目的
节理倾角模型试验	对不同节理倾角的节理试件进行不同加固措施下的剪切试验	主要对不同节理倾角的节理试件进行不同锚固条件下分析锚杆所能提供的剪切力、轴力量值变化，从而分析锚固条件下结构面的抗剪强度变化规律
节理面粗糙度模型试验	对不同节理面粗糙度的节理试件进行不同加固措施下的剪切试验	主要对不同节理面粗糙度的节理试件进行不同锚固条件下分析锚杆所能提供的剪切力、轴力量值变化，从而分析锚固条件下节理面的抗剪强度变化规律

（5）实验步骤

①首先进行岩体等效相似模拟材料试件的制作，制作完整无节理试件，进行常规单轴试验，测得抗压强度、弹性模量、泊松比等基本参数。

②进行含节理试件的制作。先将模具进行处理，使其能够实现试验需求，接着按照事先配合的相似模拟材料灌注至涂抹过凡士林的模具中，浇筑24 h后，撤掉光滑杆体，插入单头螺纹杆，置应变片进行注浆，养护28天。

③将应变片贴于试块表面，完成接线和应变采集仪的连接。测量出在单轴压缩的应力状态下含加锚节理试件的应力应变情况。

④进行实验方案设计的剪切试验，测出在剪切条件下加锚节理试件的剪切应力-位移曲线。

✱3.3　单轴压缩试验力学特性分析

通过TAW-2000电液伺服岩石三轴仪试验机对所制作的完整试件进行单轴压缩试验，

从而得出各试件的应力-应变曲线,进而实现相关力学参数的分析。试件的应力-应变曲线由试验数据统计得出并绘制,如图3.10所示。

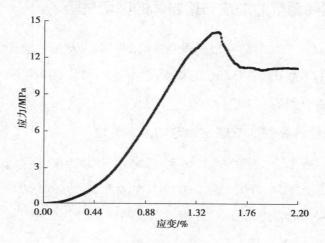

图3.10 完整试件的应力-应变曲线

单轴压缩试验作用下的应力-应变曲线反映出试件的强度特征和变形性质。含不同角度以及粗糙度的节理试件力学参数与节理分布方式密切相关,不同工况下的应力-应变曲线有相似的趋势走向,但是与完整试件试件相比,参数有所起伏:当节理面光滑时,不管角度如何变化,力学参数均低于完整试件;当节理面粗糙时,力学参数均高于完整试件。完整试件应力-应变曲线单轴抗压强度为14.09 MPa,弹性模量为1.2 GPa,其破坏形式为轴向劈裂拉伸破坏,表现为典型的脆性岩石,在受压过程中大致分为4个阶段:

第一阶段:初始压密阶段,由于试件中存在的节理面以及孔隙等在轴压逐渐增大过程中开始闭合,应力-应变曲线斜率逐渐增大,表现出非线性增大变形特征。试件被压密,试件横向膨胀较小,体积随载荷增大而减小。

第二阶段:弹性变形阶段,试件发生弹性变形,应力-应变曲线几乎呈线性上升的特征,由于内部仍有一些缺陷存在,初期预制节理周围基本无破坏出现,随着应力的增加,由于预制节理周围微裂纹萌生,试件发生起裂现象,曲线呈现出非线性上升。

第三阶段:塑性软化阶段,应力应变曲线速率变小,随着预制节理周围沿着轴向应力方向扩展形成局部贯通破裂面,产生应力跌落现象。

第四阶段:应力峰后阶段,试件承载力达到峰值强度后,内部结构遭到破坏,随着继续施压,节理快速发展,出现宏观断裂面。峰值后应力-应变曲线出现了迅速的应力跌落,应变变化较小,此时裂纹快速扩展贯通,含节理试件发生脆性破坏。

✳ 3.4　含不同角度的加锚节理岩体的剪切试验

本节主要通过不同节理倾角(节理角度为 0°,30°,45°,60°)下,有无锚杆锚固试件的剪切试验,对比分析试验结果以及试件破坏形态,研究不同节理倾角下,不同锚固方式对节理试件锚固效果的影响。

3.4.1　无锚杆锚固的节理岩体剪切力学特性

无锚试件节理面主要依靠素水泥浆液与节理面间的胶结力及节理两壁面间的摩擦力抵抗水平剪切力。研究加锚节理试件的抗剪力学特性,必须先研究未施加锚杆时,试件仅依靠节理面自身抗剪能力抵抗剪切位移时的变形与受力特征,进而与锚固试验结果作对比。

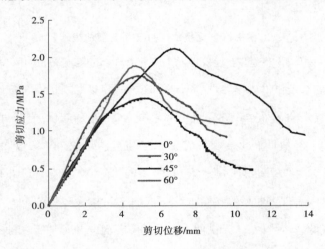

图 3.11　无锚节理试件剪切应力-位移图

图 3.11 为不同节理倾角的节理试件在无锚加固情况下的剪切应力-位移图,从图中的变化曲线可以看出:

不同节理倾角的剪切应力-位移曲线的趋势走向发展基本相似,都可划分成 3 个比较明显的阶段:第一阶段为线弹性变形阶段,该阶段的剪切应力随着位移的增加呈线性增长,节理面主要依靠试件与水泥浆之间的化学胶结力抵抗剪切作用,剪切位移较小,而强度上升速率迅速增大。第二阶段为应力跌落阶段,随着剪切试验的继续进行,位移不断增加,但是剪切应力达到峰值后出现跌落现象,出现此现象的主要原因是剪切试验所施加的剪切应力达到试件与水泥浆所提供的"胶结强度",并伴随着二者之间的"化学胶结"发生破坏,从而无法继续抵抗剪切作用,出现剪切强度跌落现象。第三阶段为稳定阶段,曲线斜率变化幅度减小,趋于平缓,随着位移增加,应力基本保持平稳下降。当试件与水泥浆之间的"化学胶结"破坏后,节理面仅靠着界面之间的物理摩擦来抵抗剪切作用。从图中可以看出,节理倾角为45°的剪切强度最大,倾角为60°和30°时的强度相近,最小的节理倾角为0°,剪切强度随着节理倾角的变化的规律为$\tau_{45°} > \tau_{60°} > \tau_{30°} > \tau_{0°}$。

3.4.2　锚杆锚固后的节理岩体剪切力学特性

图3.12为4种节理倾角加锚后的剪切应力-位移曲线,加锚后其剪切应力-位移曲线走向趋势与无锚节理试件有所不同,无锚节理试件的曲线只有一个峰值,但加锚后的剪切应力-位移曲线出现了两个峰值。

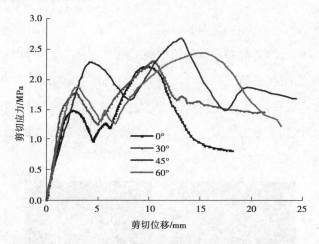

图3.12　普通锚杆加固节理试件剪切应力-位移图

根据试验结果可以得出,节理倾角为0°的加锚节理试件的首次峰值强度为1.481 MPa,二次峰值强度为2.204 MPa,是首次峰值强度的148.82%;倾角为30°时的首次峰值强度为1.778 MPa,二次峰值强度为2.301 MPa,是首次峰值强度的129.42%;倾角为45°时的首次峰值强度为2.288 MPa,二次峰值强度为2.613 MPa,是首次峰值强度的114.20%;倾角为60°时的首次峰值强度为1.870 MPa,二次峰值强度为2.416 MPa,是首次峰值强度的129.20%。

对比分析试验结果可以看出:

①对首次峰值强度的影响:当节理倾角从0°增至30°时,加锚节理试件首次峰值强度由1.481 MPa增至1.778 MPa,增加了20.05%;当节理倾角从30°增加到45°时,加锚节理试件首次峰值强度由1.778 MPa增至2.288 MPa,增加了28.68%;当节理倾角从45°增加到60°时,加锚节理试件首次峰值强度由2.288 MPa减少到1.870 MPa,减少了18.27%。

②对二次峰值强度的影响:节理倾角为0°,30°,45°,60°的加锚节理试件的二次峰值强度分别为首次峰值强度的148.82%,129.42%,114.20%,129.20%,均超过了其首次峰值强度;

当节理倾角从 0°增至 30°时,加锚节理试件二次峰值强度由 2.204 MPa 增至 2.301 MPa,增加了 4.4%;当节理倾角从 30°增至 45°时,加锚节理试件二次峰值强度由 2.301 MPa 增至 2.613 MPa,增加了 13.56%;当节理倾角从 45°增至 60°时,加锚节理试件二次峰值强度由 2.613 MPa 减少到 2.416 MPa,减少了 7.54%。

③对比试验结果可知,随着节理倾角的增加,加锚节理试件的首次峰值强度、二次峰值强度均呈增大的趋势,二次峰值强度均超过了首次峰值强度,且当节理倾角为 0°时,其二次峰值的增长率是 4 个角度中最显著的。

3.4.3 不同节理角度下的节理岩体的破坏状态

(1)节理角度为 0°

图 3.13 是节理倾角为 0°时各阶段裂纹扩展贯通图。通过分析得出:当节理角度为 0°的节理试件进行剪切试验时,随着剪切力的增大,节理面的抗剪效果逐渐下降,试件上下盘之间的胶结力被迫丧失,上下盘开始错动。但从图中可以看出,上下盘的侧表面几乎没有出现破坏,主要是因为所施加的剪力与节理面的位置处于平行状态,对上下盘的侧面没有产生太大的影响。

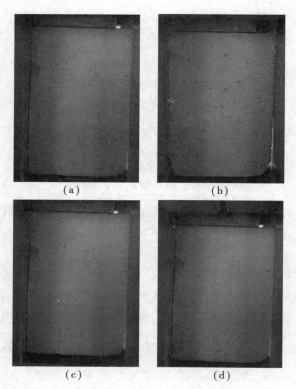

图 3.13 节理倾角为 0°时试验过程中试件的破坏状态

（2）节理角度为30°

图3.14是节理倾角为30°时各阶段裂纹扩展贯通图。通过对该图的分析得出：在剪切初始阶段，沿着30°节理面开始产生裂纹［图3.14（a）］，并伴随着试件上盘尖端处起裂；剪切试验的继续进行，试件上下盘侧表面均出现裂纹，裂纹从节理面开始往上下岩体延伸，其走向与节理面近乎垂直［图3.14（b）］，试件上盘尖端处发生断裂破碎；剪力不断增大，导致试件出现较大的形变，裂纹走向也发生改变，转向加载方向及其垂直方向，试件上盘的尖端处破碎严重，试件下盘出现整体断裂［图3.14（c）］，试件上下盘发生较大错动，最终试件破坏，如图3.14（d）所示，试件上下盘侧表面的裂纹出现扩展贯通现象，试件上盘的尖端处破碎程度严重，试件下盘整体断裂的节理变宽，试件上下盘沿着节理面发生严重错动。

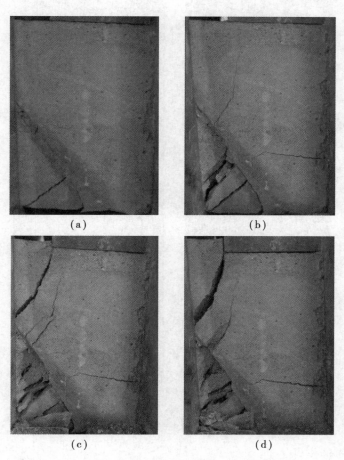

（a）　　　　　　　　　　（b）

（c）　　　　　　　　　　（d）

图3.14　节理倾角为30°时试验过程中试件的破坏状态

（3）节理角度为 45°

图 3.15 是节理倾角为 45°时各阶段裂纹扩展贯通图。通过对该图的分析得出：在剪切初始阶段，沿着 45°节理面开始产生裂纹［图 3.15（a）］，并伴随着试件上下盘尖端处起裂；剪切试验的继续进行，试件上下盘的尖端处发生整体断裂［图 3.15（b）］，剪力不断增大，导致试件出现较大的形变，试件上盘的尖端处由整体断裂转变成出现破碎，试件下盘整体断裂继续扩展［图 3.15（c）］，而试件下盘的另一端也出现起裂，试件上下盘发生较大错动，最终导致岩体破坏。如图 3.15（d）所示，试件上下盘的尖端处破碎程度严重，试件下盘整体断裂的节理变宽，试件上下盘沿着节理面发生严重错动。

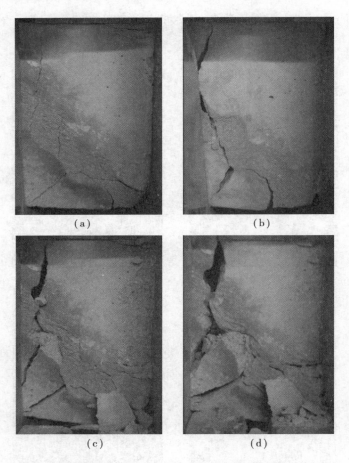

（a）   （b）

（c）   （d）

图 3.15　节理倾角为 45°时试验过程中试件的破坏状态

（4）节理倾角为 60°

图 3.16 是节理倾角为 60°时各阶段裂纹扩展贯通图。通过对该图的分析得出：在剪切试验进行过程中，试件上下盘侧表面均出现裂纹，裂纹从节理面开始往试件上下盘延

伸,其走向与节理面近乎垂直;剪力的不断增大,导致试件出现较大的形变,裂纹的走向也发生改变并出现次生裂纹,试件上下盘尖端处发生整体断裂,试件上下盘发生较大错动,最终岩体破坏如图3.16(d)所示,节理面出现裂隙,试件上下盘侧表面的裂纹出现扩展贯通现象,试件上盘的尖端处破碎,试件上下盘整体断裂的节理变宽,试件上下盘沿着平行于剪力的方向发生严重错动。

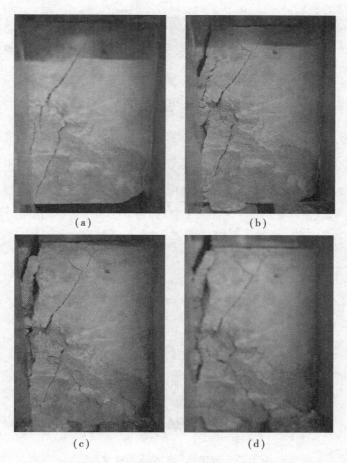

(a)　　　　　　　　　(b)

(c)　　　　　　　　　(d)

图3.16　节理倾角为60°时试验过程中试件的破坏状态

综合分析不同节理角度下试验过程中的破坏形式可以得出:

①倾角为0°的节理试件相对于倾角为30°,45°,60°的节理试件在试验过程中的试件侧表面几乎没有裂纹产生,比较完整。

②倾角为30°,45°,60°的节理试件上下盘侧表面均出现裂纹,裂纹从节理面开始往上下延伸,其走向最开始与节理面近乎垂直但到最后却发生改变。

③倾角为0°和60°的节理试件在最终破坏时,其试件上下盘错动的位置近乎相同,均

平行于剪力方向。

④ 4 种节理倾角的岩体在剪切作用下,其试件上下盘剪断的起裂位置不同,从 30°～60°,其试件上下盘尖端的起裂位置由试件两端向试件中部移动,因此倾角为 60°的节理试件的上下盘错动的位置与倾角为 0°时近乎相同。

究其原因,当角度为 0°时,剪切力的方向和节理面平行,当达到节理面抗剪强度即发生破坏,而有角度的节理试件在施加剪力时,剪力将沿着节理面的倾角进行分解,分解成垂直节理面和平行节理面两个分力,当分力达到抗剪强度时试件才发生破坏,并伴随着侧面出现裂纹。

3.4.4　有无锚杆锚固的节理岩体剪切试验的对比分析

不同节理倾角加锚情况对其剪切强度的影响如图 3.17 所示。从图中能够分析得出:

①倾角从 0°增长到 30°时的节理试件剪切强度变化比较平缓,而由 30°到 45°时的强度变化相对较大,且 30°和 60°的剪切强度值相近。

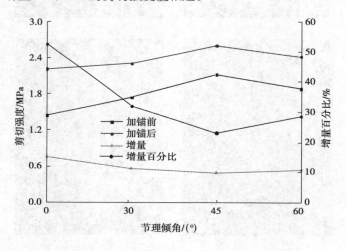

图 3.17　加锚前后试件剪切强度对比

②不管有没有锚杆的锚固作用,倾角为 45°的节理试件的剪切强度都是最大的,倾角为 0°的节理试件的剪切强度都是最小的。

③当节理倾角为 0°时,加锚前剪切强度为 1.445 MPa,加锚后剪切强度为 2.204 MPa,增加了 52.53%;当节理倾角为 30°时,加锚前剪切强度为 1.742 MPa,加锚后剪切强度为 2.301 MPa,增加了 32.09%;当节理倾角为 45°时,加锚前剪切强度为 2.121 MPa,加锚后剪切强度为 2.613 MPa,增加了 23.20%;当节理倾角为 60°时,加锚前剪切强度为 1.879 MPa,加锚后剪切强度为 2.416 MPa,增加了 28.58%。

④锚杆锚固的节理试件比相同角度情况下的无锚节理试件的剪切强度均有所提高，倾角为0°的节理试件在加锚后的剪切强度甚至超过了所有未加锚节理试件的强度，说明在不利的受力状态下，只要锚固得当，锚固效果将更加显著。因此，可以看出，锚杆在加固节理、延长节理试件寿命方面起着重要作用，提高块状试件的剪切强度作用明显。

前文中将有无锚杆锚固的节理试件剪切力学特性分别进行相应分析，得出了节理试件的剪切强度随着节理倾角变化的演化规律。而本节主要进行无锚杆锚固、普通锚杆锚固节理试件的剪切力学特性的对比分析。将有无锚杆锚固的节理试件的剪切力学特性的试验数据统计后绘制图 3.18 和图 3.19（图中无锚杆锚固时仅有一个剪切强度峰值，因此，两幅图中无锚杆锚固的柱状图比其他两种工况下的少一半）。

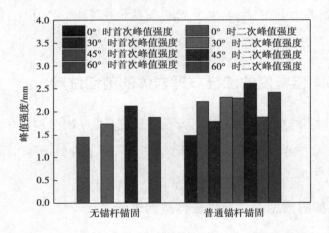

图 3.18　有无锚杆锚固的节理试件的峰值强度

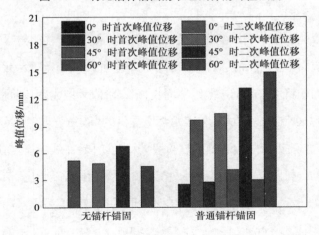

图 3.19　有无锚杆锚固的节理试件的峰值位移

通过对图中试验数据进行对比分析可以得出：

①无锚杆锚固的节理试件剪切应力-位移曲线仅有一个峰值,而有锚杆锚固的节理试件曲线出现两个峰值。其原因在于加锚试件在节理面破坏之后,锚杆主要抵抗剪切作用,使加锚节理试件的剪切强度有所攀升。

②加锚节理试件的剪切强度均大于无锚节理试件,甚至大部分的加锚节理试件的首次峰值也大于无锚节理试件;加锚节理试件的首次峰值位移均呈现减小趋势,加锚试件节理面刚度明显增大,即较小的剪切位移需要施加较大的剪切力,而其出现的二次峰值强度以及位移都有大幅增长现象。其原因在于锚杆在剪切试验开始阶段已经在发挥抗剪作用,而节理面破坏后锚杆承担起主要抗剪任务,锚杆对节理面抗剪性能的增强,使锚杆锚固节理试件的破坏特性由"脆性"转变为"塑性",从而提高了试件的稳定性和安全性。

✹3.5   含不同粗糙度的加锚节理岩体的剪切试验

本节主要通过不同节理面粗糙度(节理面粗糙度系数 JRC 分别为 $0,3,9,16,21$)下,有无锚杆锚固的试件的剪切试验,对比分析试验结果以及试件破坏形态,研究不同节理面粗糙度下,不同锚固方式对节理试件锚固效果的影响。

3.5.1   无加固措施的含节理岩体剪切试验

图 3.20 为不同节理面粗糙度的节理试件在无锚加固情况下的剪切应力-位移图,从图中的变化曲线可以看出：

不同节理面粗糙度的剪切强度曲线的趋势走向发展基本一致,与不同节理倾角下的节理试件的剪切应力-位移曲线相似,都能划分成 3 个阶段:第一阶段为线弹性变形阶段,该阶段的剪切应力随着位移的增加呈线性增长;第二阶段为应力跌落阶段,随着剪切试验的继续进行,剪切力达到并超过试件与水泥浆所提供的"胶结强度"以及节理面粗糙所产生的摩擦力,出现剪切应力跌落现象;第三阶段为稳定阶段,曲线斜率变化幅度减小,趋于平缓,随着位移增加,剪切应力基本保持平稳下降。从图中可以看出,节理面粗糙度 JRC 为 16 时的剪切强度最大,节理面粗糙度 JRC 为 0 时的抗剪强度最小。剪切强度随着节理面粗糙度的变化规律为:$\tau_{JRC=16} > \tau_{JRC=21} > \tau_{JRC=9} > \tau_{JRC=3} > \tau_{JRC=0}$。当节理面粗糙度 JRC 为 21 时,试件的峰值剪切强度比 JRC 为 16 的试件小。这主要是由于随着粗糙度的增加,节理面的微凸体变得越来越高,其尖端部分强度较低,容易发生断裂,造成粗糙度的降低从而使节理试件峰值剪切强度相对减小。

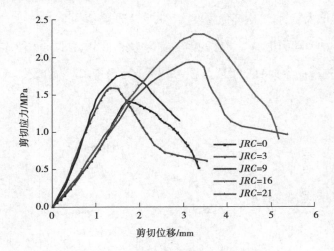

图 3.20　无锚节理试件剪切应力-位移图

3.5.2　普通锚杆加固的含节理试件剪切试验

图 3.21 为 5 种节理面粗糙度加锚后试件的剪切应力-位移曲线,加锚后其剪切应力-位移曲线走向趋势与无锚节理试件有所不同,无锚节理试件的曲线只有一个峰值,但加锚后的剪切应力-位移曲线出现两个峰值。根据试验结果对比分析可以看出:

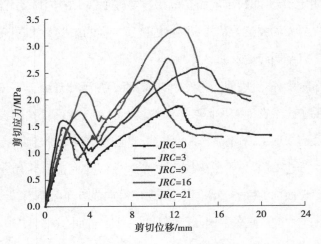

图 3.21　普通锚杆加固节理试件剪切应力-位移图

①节理面粗糙度为 $JRC = 0,3,9,16,21$ 的加锚节理试件的首次峰值强度分别为 $1.306,1.478,1.614,2.149,1.768$ MPa;

②节理面粗糙度为 $JRC = 0,3,9,16,21$ 的加锚节理试件的二次峰值强度分别为 $1.877,2.367,2.593,3.346,2.766$ MPa,分别是对应粗糙度首次峰值强度的 143.72%, 160.15%,160.66%,155.70%,156.45%,均超过了其首次峰值强度;

③对比试验结果可知,随着节理面粗糙度的增加,加锚节理试件的首次峰值强度、二次峰值强度均呈增大趋势,二次峰值强度均超过了首次峰值强度。

综合分析 5 种节理面粗糙度试件的剪切应力-位移曲线,总结得出加锚节理试件受剪切作用时的剪切应力-位移特征曲线,如图 3.22 所示。图 3.22 各阶段的特征分析如下:

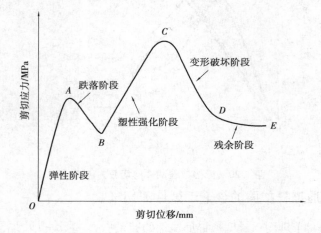

图 3.22　普通锚杆加固节理试件的剪切应力-位移特征曲线

①*OA* 段:弹性阶段,该阶段剪切应力-位移曲线基本呈直线,与无锚节理面相比,加锚试件节理面刚度明显增大,即较小的剪切位移需要施加较大的剪切力。此阶段锚杆抗剪力和水泥浆与试件界面的胶结力及其不同粗糙度所产生的摩擦力共同抵抗剪切作用。此阶段节理面凸起部分经历爬坡阶段。

②*AB* 段:跌落阶段,该阶段剪切力发生突降,原因在于节理面上下盘之间,或者节理面与锚杆交界处的水泥浆发生破坏,其破坏具有脆性特征,界面胶结力丧失,节理面凸起部分出现剪断以及磨损现象,对剪切作用阻抗减小,宏观表现为剪切力突降。

③*BC* 段:塑性强化阶段,该阶段剪切应力-位移曲线在形态上具有"塑性强化"特征,可理解为锚杆对节理面抗剪性能的增强效应,这使得加锚节理面经历较大的剪切位移时,其抗剪强度仍有一定程度的增长。因此,节理试件由加锚前的"脆性"破坏特征转变为加锚后的"延性"破坏特征,试件的稳定性和安全度得到提高。在此阶段,随剪切位移的增加,试件材料的强度较低,试件发生挤压破碎[图 3.23(a)],伴随锚杆杆体的变形。由于试件的抗压强度较低,试验过程中试件中的钢筋未屈服破坏时,锚杆与节理面交界处的试件已经发生挤压破碎现象。

④*CD* 段:变形破坏阶段,该阶段钢筋发生较大变形[图 3.23(b)],剪切强度发生大幅跌落。由于试件自身强度不高,因此无法将钢筋剪断,只产生了较大的形变。

⑤DE 段：残余阶段，该阶段主要依靠界面以及残余的凸起部分摩擦力和变形后的钢筋强度发挥抗剪作用。加锚节理试件抗剪强度是节理面固有剪切强度和锚杆抗剪强度的综合效应。

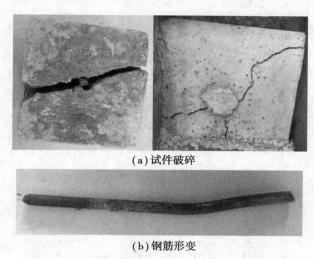

（a）试件破碎

（b）钢筋形变

图 3.23　加锚试件破坏状态

3.5.3　不同工况下的节理试件剪切力学特性对比分析

上节中将有、无锚杆锚固的节理试件剪切力学特性分别进行相应的分析，得出了节理试件的剪切强度随着节理面粗糙度变化的演化规律。而本节主要进行无锚杆锚固、普通锚杆锚固两种工况下节理试件的剪切力学特性的对比分析。图 3.20、图 3.21 为 5 种节理面粗糙度在不同工况下的剪切应力-位移曲线，将图中数据统计后绘制图 3.24 和图 3.25（图中无锚杆锚固时仅有一个剪切强度峰值，因此，两幅图中无锚杆锚固的柱状图比有锚杆锚固的少一半）。

①试验得到的不同节理面粗糙度的试件的峰值剪切强度并不一致，达到峰值强度时所对应的位移大小也相差很大，剪切过程中各个时段的剪切应力也有区别，说明试件节理面粗糙度对节理面的剪切特性是有影响的，且与峰值抗剪强度有一定的相关性。不管有没有锚杆的锚固作用，节理面粗糙度为 $JRC=16$ 的节理试件的剪切强度都是最大的，节理面粗糙度为 $JRC=0$ 的节理试件的剪切强度都是最小的；相对节理面光滑而言，剪切作用施加到节理试件，在此过程中节理面的凸起部分经历了爬坡阶段、啃断阶段以及滑移阶段，由于节理面粗糙，需要更大的剪切力才能将试件剪坏。对施加的剪切力有阻抗作用，图 3.26 为单齿剪切模型以及其斜面受力分析图。

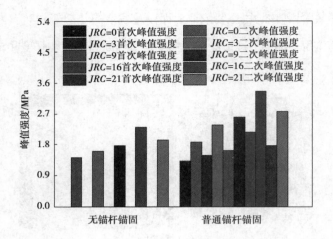

图 3.24　有、无锚杆锚固的节理试件的峰值强度

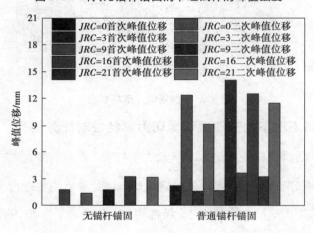

图 3.25　有、无锚杆锚固的节理试件的峰值位移

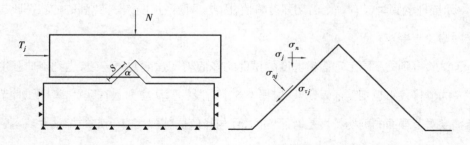

图 3.26　单齿剪切模型以及其斜面受力分析

②从图 3.26 中可以看出,试件的剪切强度随着节理面粗糙度增大而增大,但当粗糙度大于 16 后出现了下降情况,原因在于试件节理面过于粗糙,表现在节理面形态为凸起更高、更尖,在剪切过程中,凸起部分出现应力集中现象,随着剪切位移的增大,集中应力也逐渐增大,并且产生的集中应力在沿着剪切方向上的分力对试件节理进行剪切,试件节

理面的粗糙度越大,节理面受到的集中应力就越多,所有的集中应力相加的合力就越大,合力在剪切方向上的分力就越大,在剪切试验过程中节理试件同时受到水平推力和集中应力合力在剪切方向的分力共同剪切作用。此外,在集中应力作用下,凸起部位的节理层可能产生局部破坏,从而破坏了节理的完整性,更容易被剪断,对于试件节理面越粗糙,产生的这种局部破坏就越多。

③加锚节理试件的剪切强度均大于无锚节理试件,甚至大部分加锚节理试件的首次峰值也大于无锚节理试件;加锚节理试件的首次峰值位移均呈现减小趋势,加锚试件节理面刚度明显增大,即较小的剪切位移需要施加较大的剪切力,所出现的二次峰值强度以及位移都有大幅增长现象。

3.5.4　加锚节理试件中锚杆的作用分析

通过对无锚杆锚固、普通锚杆锚固两种工况下的节理试件的剪切特性的对比分析,可以看出,锚杆在节理试件受到剪切作用时能够提高节理岩体的抗剪强度,可有效控制节理岩体的变形。

①在剪切试验过程中,锚杆的作用经历不同的变化:在弹性阶段锚杆发挥销钉作用;屈服段锚杆的轴向作用开始调动,锚杆同时存在销钉和约束作用;塑性段锚杆不再发挥销钉作用,仅依靠轴向约束作用限制节理岩体变形。

当剪力施加至加锚后的节理试件时,初始阶段的变形主要集中在刚度较小的节理部分,当局部产生微小变形后,锚固的锚杆将承担部分节理所受的剪切力。试验中锚杆的变形均集中在节理附近,说明锚杆阻抗节理面的滑动,延缓或制止节理层的错动,发挥其"销钉"作用。随着剪切力的继续增加,节理面将出现滑移现象,此时的锚杆受到节理面的剪切作用,其切向受力变形致使锚杆出现附加轴向变形,轴向变形所产生的内力将对节理试件变形起"约束"作用。

②锚杆在剪切试验开始阶段已经在发挥抗剪作用,因此,节理面的刚度在加锚后有所增大,即较小的剪切位移需要施加较大的剪切力,其首次峰值强度也有所提高;当节理面破坏后锚杆将承担起主要抗剪任务,锚杆对节理面抗剪性能的增强,使锚杆锚固节理试件的破坏特性由"脆性"转变为"塑性",提高了试件的稳定性和安全性。

③锚杆能增强试件的性能,包括强度、抗压度和黏合度等,通过改变试件的物理性质,达到对试件加固的效果。由于锚杆能够为试件提供轴向力和横向力,所以能够增强节理面的强度,从而使节理试件的整体稳定性得以提高。

✹3.6　基于 CT 扫描研究加锚节理岩体的损伤演化

利用 CT 扫描技术以及后期的图像处理技术进行节理试件剪切试验的细观研究,能更加清晰、无损地观察加锚节理试件内部破碎程度以及剪切过程中各阶段试件的破裂演化情况,弥补试验过程中细观分析的缺失。

3.6.1　CT 扫描技术

1895 年,伦琴研究发现 X 射线并利用它观察非透明物体的内部情况,随后,科学家对于 X 射线的运用进行研究,1968 年,亨斯菲尔德在前人的研究下进行了计算机断层图像的研究,制作了一台能加强 X 射线放射源的扫描装置,即最早的 CT,到 1972 年,第一台 CT 机出现即宣告 CT 的诞生,从此 CT 在医疗方面被广泛应用。随着科技的发展,CT 技术被应用到土木、材料、生物等多个工程领域。

目前,将 CT 分为医用 CT 和工业 CT 两种,从原理来看两者基本一样,但是如果从扫描精度、结构以及扫描时间来看,两者存在着较大的差别。工业 CT 的专业性和配置都有很高的要求,穿透物体的能力强,扫描时间长,能量更高,得到的扫描结果也更加精确。但是,此次试验的加锚节理试件中各种物质都有较大的差别,且考虑到经济实用方面,最终采用医用 CT 来完成剪切试验后的加锚节理试件的内部破碎情况扫描。

3.6.2　CT 扫描基本原理

CT 扫描技术的基本原理是在以射线与物质的相互作用的基础上实现的,当 X 射线射向需要扫描的物体,光子将与扫描物质进行相互作用,射向物质的大部分光子都被物质分散掉,致使射线强度发生衰减,将其衰减的信息收集后利用成像技术转化为最终所需的 CT 图像。其计算式为

$$I = I_0 e^{-\mu x} = I_0 e^{-\mu_m \rho x} = \int_0^{E_{max}} I_0(E) e^{-\int_\delta \mu(E) ds} dE \qquad (3.3)$$

式中　I_0——X 射线的初始光强,$eV/(m^2 \cdot s)$;

　　　I——衰减后的光强,$eV/(m^2 \cdot s)$;

　　　μ_m——被检测物体的质量吸收系数,cm^2/g;

　　　ρ——被检测物质的密度,g/cm^3;

　　　x——X 射线的穿透长度,cm。

为了方便对 X 射线的衰减信息的计算，可以利用投影值 P 来表达 I_0 和 I 两者的关系，投影值 P 的方程为

$$P = \ln \frac{I_0}{I} = \mu_m \rho X = \sum_{i=1}^n \mu_i \rho_i X_i \tag{3.4}$$

式中　X_i——X 射线路径的每段间隔距离，cm；

　　　μ_i——局部衰减系数。

为了满足扫描图像的精度要求，需要记录足够多的投影值，通常采用 360°范围内的扇形束进行测量。根据投影过程中获得的 N_x 个方程，可以计算出 $N \times N$ 阶图像矩阵的 N^2 个未知数，由此得到分布函数 $\mu(x,y)$。

CT 扫描技术的成像原理为提取被扫描的三维物体中的某一个二维扫描面，对所提取的扫描面进行单独成像，采用这种方法所形成的图像能很好地避免影像重叠现象的发生，以利于提高图像质量。

实际上，CT 图像就是根据投影数据求解得到的与被测物质密度有关的分布函数 $\mu(x,y)$。建立 CT 图像的方法多种多样，本节采用卷积反投影的方法建立图像，该方法的计算式为

$$\mu(x,y) = \int_0^{2\pi} \frac{1}{L^2} P g(\alpha) \, \mathrm{d}\beta \tag{3.5}$$

式中　$g(\alpha)$——卷积核函数；

　　　$\mu(x,y)$——被检测点上 X 射线的吸收系数，通常其值被定义为 CT 数，即 H 值。在扫描过程中，探测器首先收集 X 射线的衰减信息，然后对这些信息进行光电转换及模数转换，得到投影数据。最后将这些投影数据按式(3.5)计算后，得到可以反映扫描层上各位置上 X 射线的吸收系数 $\mu(x,y)$，这样就形成了数字扫描图像。

3.6.3　CT 扫描试验方法

(1)CT 扫描仪参数设定

本次试验 CT 扫描采用的仪器为医用 CT，在扫描加锚节理试件之前对 CT 机进行调整，使其能采集出效果最佳的图片。CT 机的扫描电压为 120 kV，扫描厚度设置为 0.625 mm，层间距设置为 0.625 mm，每个试件的扫描层数设置为 80 层，扫描仪器如图 3.27 所示。

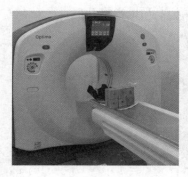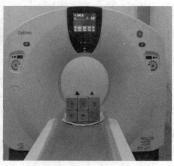

图 3.27　CT 扫描仪

（2）扫描试验方案

加锚节理试件的试件尺寸为 $100\ mm \times 100\ mm \times 100\ mm$，对不同节理角度和不同节理面粗糙度的节理试件施加剪切力，完成宏观剪切试验，然后将试验用过的节理试件放置到扫描仪上进行 CT 扫描，分别扫描加锚节理试件初始状态、首次峰值后状态和二次峰值后状态 3 个阶段。加锚节理试件分层扫描情况如图 3.28 所示。

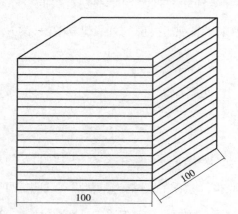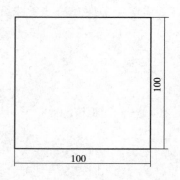

图 3.28　加锚节理试件分层扫描情况

保持设定好的扫描仪参数，对此次剪切试验的加锚节理试件分别进行扫描，每个试件得到多张 CT 图片，然后对每种工况下不同阶段的加锚节理试件 CT 图进行对比分析，得出剪切作用下加锚节理试件的内部裂隙演化规律。

3.6.4　CT 扫描图像的处理

通过对剪切作用下不同工况、不同阶段的加锚节理试件进行 CT 扫描。由于此次扫描试验选取的扫描厚度和层间距过密，得到的 CT 图片较多，因此从中选取比较经典的层面 CT 图像。

　　图 3.29 为扫描后的部分 CT 扫描图片,从图中可以看出,各部分的颜色变化比较明显,就整个扫描面而言,图像面积占比最高的灰色区域是节理试件自身;在图像中心位置处的白色部分为锚固节理试件的锚杆;图像中的黑色区域则为施加剪切作用后节理试件内部出现的裂隙及破碎部分。但由于扫描仪的精度以及扫描过程中其他物质的影响,图片中存在伪影和杂质,例如,原本为圆筋的锚杆在图 3.29 的图像中呈现出椭圆形,如果利用这类图直接进行三维重构,发生形变后的圆筋重构的结果如图 3.30 所示,从图中虽然能看出锚杆的形变,但是图像太过抽象,与实际相差较大。伪影和杂质将会影响后期图像中的相关数据(如灰度值、阈值)的提取和三维重构图像与实际物体的相似度,因此,利用图像处理技术对原始 CT 扫描图像进行处理变得很有必要。

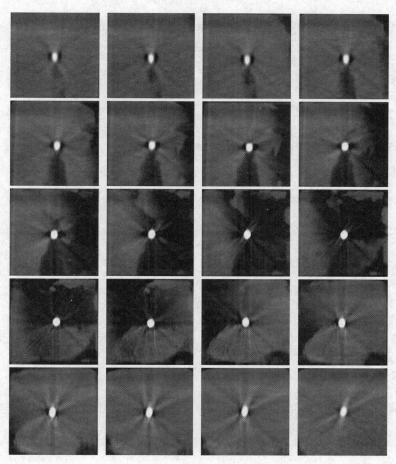

图 3.29　部分 CT 扫描图像

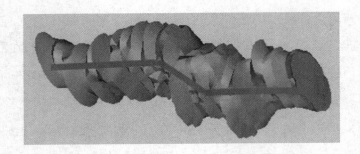

图 3.30 利用原始 CT 图像三维重构出的锚杆

图像处理技术通俗地讲就是将原始的图像经过计算机软件处理得出满意的 CT 扫描图,使学者能够更加清晰直观地观察和研究物体内部演化。图像处理技术的本质是将原始的图像通过计算机软件进行转化,最终转化成数字矩阵,从而使原始图像能够被计算机定量识别,达到提取图像中相关研究信息的目的,实现宏观下清晰直观的目标。

目前,图像处理技术主要包括以下几个方面。

(1)图像增强

图像增强的目的是改善图像的视觉效果。常用的图像增强技术有对比度处理、直方图修正、噪声处理、边缘增强、变换处理和伪彩色等。

(2)图像识别

图像识别是对图像进行特征抽取,然后根据图形的几何及纹理特征对图像进行分类,并对整个图像作结构上的分析。通常在识别前,要对图像进行预处理,包括滤除噪声和干扰、提高对比度、增强边缘等。

(3)图像分割

图像分割是将图像中有意义的特征部分提取出来,其有意义的特征有图像中的边缘、区域等,这是进一步进行图像识别、分析和理解的基础。

(4)图像描述

图像描述是图像识别和理解的必要前提。最简单的二值图像可采用其几何特性描述物体的特性,一般图像的描述方法采用二维形状描述,它有边界描述和区域描述两类方法。

处理图像最基本的方法是点处理方法,处理的对象是像素。主要用于图像的亮度调整、图像对比度的调整以及图像亮度的反置处理等。图像的组处理方法、处理范围比点处理大,对象是一组像素,因此,又称为"区处理或块处理"。组处理方法在图像上的应用:检测图像边缘并增强边缘、图像柔化和锐化、增加和减少图像随机噪声等。

3.6.5 CT 图像的灰度处理

（1）灰度图像

利用灰度处理手段能够提高原始的 CT 扫描图像对比度，将处理前的图像的重要信息凸现出来，从而实现原始图像中研究所需信息更加容易辨别和提取。但是该方法可能将图像中的其他重要信息屏蔽掉，因此要选择相对合适的灰度值进行灰度化。目前灰度值的取值方法有 4 种，分别为分量法、最大值法、平均值法和加权平均法。

图 3.29 中的 CT 扫描图经过灰度化处理后如图 3.31 所示，即 CT 图像的灰度图像。在灰度图中，图像的每一个像素点只有一个颜色分量，这个颜色分量的取值同样也与每个像素的表示数据位数有关，本节中图像的像素表示的数据位数为 8 位，则颜色分量取值为 0 ~ 255，共 256 级灰度。每张图都由大量像素点组成，每个像素点都有不同的颜色分量，因此整体图像才展现出颜色深浅的变化。

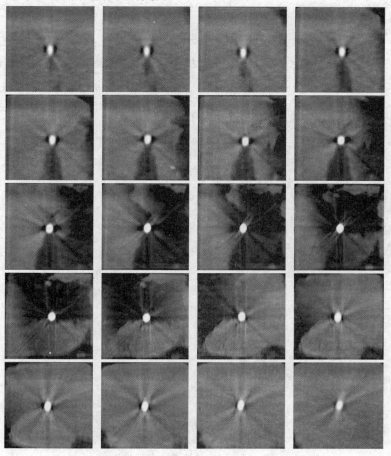

图 3.31　CT 图像的灰度图像

（2）灰度直方图

灰度直方图为统计 CT 图像中不同灰度值出现的频率，能够表示图像中灰度值的分布规律，实现对 CT 图像灰度值的定量分析，由于灰度图像的一个像素点只有一个灰度值，因此灰度直方图可以用作研究各灰度值在整体图像中所占的面积，进而研究内部结构相互演化。

图 3.32（b）为图 3.32（a）中的 CT 图像上虚线的灰度分布，可以看出，图中白色区域的像素点的灰度值偏大，最大为 255，且集中在图像中部位置，即此处对应的是加锚节理试件中的锚杆；图 3.32（b）中大部分像素的灰度值都集中在 45～132，即这部分像素对应的是加锚节理试件中的上下盘部分；低于 30 的部分，图像中的颜色变深，即对应的是加锚节理试件在受到剪切作用后出现的裂隙部分。而图 3.32（c）为图 3.32（a）整体图像的灰度直方图，横坐标代表的是整个 CT 图像所出现的灰度值，纵坐标代表的是整个图像中各灰度值出现的频率（即出现的次数）。结合图 3.32（b）和图 3.32（c）研究可得：整体图像中灰度值较小时所表征的是节理试件中裂隙出现的面积，其密度最小；灰度值较大时所表征的是节理试件中锚杆的面积，其密度最大；其他灰度值比较集中的部分为密实基体部分，通过研究灰度值比较集中部分的图像面积就能得出节理试件在剪切作用下的破裂演化情况。

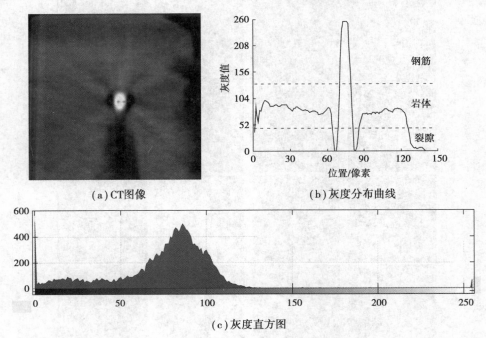

（a）CT图像　　　　　　　　　（b）灰度分布曲线

（c）灰度直方图

图 3.32　灰度分布曲线与直方图

（3）CT 图像去噪

通过 CT 扫描而获得的图像势必会受到噪声干扰,得到含噪图像。但使用此类 CT 扫描图像可能影响图像中关键信息的拾取和分析,因此,对图像去噪很有必要。本节采用的是中值滤波法进行去噪。其基本原理是把数字图像中一点的值用该点所在区域各点值的中值代换,其主要功能是让该点所在区域里灰度值相差较大的像素改取与该区域的像素值接近的值,从而可以消除区域内灰度值变化较大的噪声点。中值滤波器不仅能够去除噪声还能够保护图像边缘,以求达到满意的还原效果。

通过对图 3.33 中的 3 幅图片进行对比,在原始图像中加入高斯噪声后图像呈现为图 3.33(b),然后利用中值滤波的方法对其进行去噪处理,得到图 3.33(c),对比两幅图可以看出中值滤波的去噪效果,再对比图 3.33(a)和图 3.33(c)两张图,去噪后的图像更加清晰直观,使原始图像中的试件部分的颜色变化跨度变小。

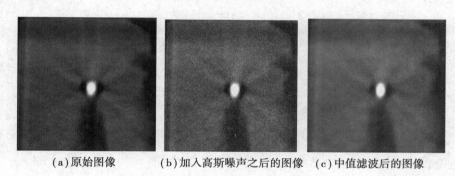

（a）原始图像   （b）加入高斯噪声之后的图像   （c）中值滤波后的图像

图 3.33   中值滤波后的图像与原图对比

3.6.6   CT 图像分割

图像分割是将原有的 CT 图像分割成特定的、具有独立性质的区域然后提取出自身研究的目标。图像分割是由图像处理到图像分析的关键步骤。目前,根据不同的分割依据将图像分割分为基于阈值的分割方法、基于区域的分割方法、基于边缘的分割方法等。

（1）边缘检测

从图 3.31、图 3.33 可以看出,经过灰度处理后的 CT 整体图像比原始图像更加清晰,图像中的关键信息也更加明显,但是图像中各部分之间的边界通过肉眼很难区分出来,不利于图像中各部分的分割。边缘检测能够实现定量地划分各部分的边界,将代表不同属性的图像区分开,也保证了边缘区域的信息不被忽略。

图 3.34 为利用最有效的边缘检测算子——Canny 算子处理后的图像。观察图 3.34 可

以看出,边缘检测后的图像与原始图像对比,发现图 3.34(b)中白色轮廓的位置与图 3.34(a)中灰色部分和黑色部分的接触边界相一致。利用边缘检测来描绘灰色上下盘部分和黑色裂隙部分的变化轮廓,也能作为受剪切荷载作用的加锚节理试件内部破损的研究手段之一。

　　　　　　(a)边缘检测前　　　　　　　　　　　　　　(b)边缘检测后

图 3.34　Canny 算子边缘检测处理后的图像

(2)CT 图像阈值分割

阈值分割方法实际上是输入图像 f 到输出图像 g 的如下变换:

$$g(i,j) = \begin{cases} 1 & f(i,j) \geqslant T \\ 0 & f(i,j) < T \end{cases} \tag{3.6}$$

式中　T——阈值,对于物体的图像元素 $g(i,j) = 1$,对于背景的图像元素 $g(i,j) = 0$。

阈值的确定是图像分割的重中之重,合适的阈值能将 CT 图像准确地分割开来。选出合适的阈值后,将其与像素点的灰度值一一进行对比,且对图像中的各像素点是同时进行的,从而能直接得到分割区域。目前,阈值处理技术包括全局阈值、自适应阈值、最佳阈值等。

为确定二值化图像分割阈值 T,在图 3.32(a)中随机选取一条同时穿过节理试件与节理以及锚杆的扫描线,统计该扫描线上的灰度值。由图 3.32(b)可知,图像中裂隙的灰度值在图像的最下边,试件基质的灰度值在锚杆和裂隙虚线中间,利用该虚线确定的灰度值可区分试件基质和节理以及锚杆。对于同一试件,其 CT 试验条件相同,因此,可选取同一阈值进行二值化处理。通过图 3.32(c)的灰度直方图也能确定出最佳的分割阈值。

图 3.35 的 15 张图是选取不同阈值进行图像分割而得来的结果。通过对图 3.35 中的 15 张处理后的图像进行对比分析得出:当阈值选取为 132 及以上时,图像分割出来的是加锚节理试件中的锚杆和节理试件;若阈值取 45 ~ 132,则为节理试件和裂隙部分的图像分割,但是在此范围内,不能把范围内所有的阈值当作最佳阈值,此次 CT 图像分割的最佳阈值为 45,所得的图像与图 3.34(b)勾勒出来的边缘基本一致;若阈值选取小于 45,则显现出来的图像中的裂隙部分小于原始图像,不能达到处理要求。通过阈值分割得出的图像

的像素点灰度值只有 0 和 1,没有原始图像中的 0 ~ 255,原始图像中的 1 ~ 255 被转化成图像分割后的 1,这样有利于肉眼观察,更有利于图像中要研究的目标的定量分析。

(a) 132　　　　　　　(b) 125　　　　　　　(c) 115

(d) 105　　　　　　　(e) 95　　　　　　　(f) 85

(g) 75　　　　　　　(h) 65　　　　　　　(i) 60

(j) 55　　　　　　　(k) 50　　　　　　　(l) 45

(m) 44　　　　　　　(n) 35　　　　　　　(o) 30

图 3.35　不同阈值下的图像分割

3.6.7 不同工况下加锚节理岩体的裂隙率

选取 CT 试验中所有工况下的扫描图像中的同一断层图像,将选出来的 18 张同一断层的图像经过前文介绍的方法进行图像处理,最终得到清晰的二值化图像,如图 3.36 和图 3.37 所示。

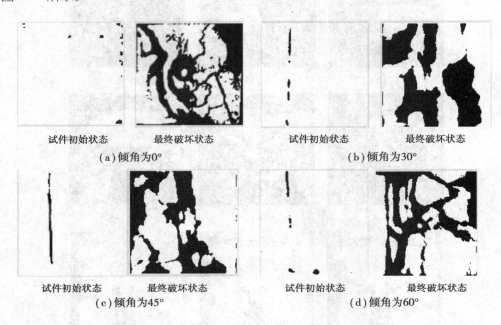

图 3.36　不同节理倾角试件的同一断层的二值化图像

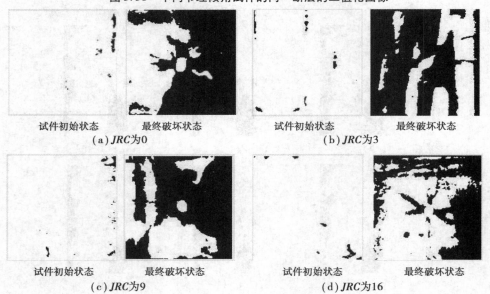

试件初始状态　　　　最终破坏状态

(e)JRC为21

图 3.37　不同节理面粗糙度试件的同一断层的二值化图像

图 3.36 和图 3.37 为不同节理倾角、不同节理面粗糙度以及不同状态阶段下的同一断层的二值化图像。从图 3.37 中能够看出:在剪切作用下,加锚节理试件受到破坏,出现大量裂隙,当达到首次剪切峰值强度时,裂隙已经遍布断层的各处,但是裂隙没有贯通起来,未能形成裂隙区域,钢筋周围的注浆体和试件均已开始产生裂隙并呈现继续增加的趋势;待达到二次剪切峰值强度时,贯通的裂隙已经连成区域,对应于图中大量的黑色部分,钢筋周围的裂隙继续产生破碎带,此时随着试件的变形,锚杆也出现屈服变形。

将处理后的图像利用统计学的方法进行裂隙率的统计分析,具体为:在图 3.36 和图 3.37 阈值分割图像中,需要统计裂隙部分(即图中黑色部分)的像素数目,利用式(3.7)和式(3.8)能够计算出裂隙部分与占扫描断层的比例,计算结果见表 3.3 和表 3.4。

$$V = N \cdot V_1 \tag{3.7}$$

$$\rho_v = \frac{V}{V_0} \times 100\% \tag{3.8}$$

式中　V——断层裂隙面积,mm^2;

　　　N——图像中黑色像素的个数;

　　　V_1——模型单元体积,mm^3;

　　　V_0——断层的总面积,mm^2。

表 3.3　不同工况下加锚节理试件某一断层的裂隙率(不同节理倾角)

不同工况		裂隙率/%
倾角为 0°	试件初始状态	0.96
	最终破坏状态	43.63
倾角为 30°	试件初始状态	0.89
	最终破坏状态	40.30

续表

不同工况		裂隙率/%
倾角为45°	试件初始状态	1.92
	最终破坏状态	35.22
倾角为60°	试件初始状态	1.24
	最终破坏状态	37.48

表 3.4　不同工况下加锚节理试件某一断层的裂隙率(不同节理面粗糙度)

不同工况		裂隙率/%
节理面光滑 ($JRC=0$)	试件初始状态	1.13
	最终破坏状态	60.95
$JRC=3$	试件初始状态	1.22
	最终破坏状态	65.75
$JRC=9$	试件初始状态	1.18
	最终破坏状态	57.48
$JRC=16$	试件初始状态	1.03
	最终破坏状态	43.74
$JRC=21$	试件初始状态	0.66
	最终破坏状态	50.80

保证表3.3和表3.4中的数据均是来自所有加锚节理试件的同一位置的同一断层,目的是确保不同工况下的数据之间具有对比性。同一节理倾角、节理面粗糙度下加锚节理岩体在不同状态下,同一断层的裂隙率随剪切力的继续施加而增加。随着剪切力的增加,断层的裂隙率也随之出现增长,进而说明断层的破碎程度也随之被提高。

从表3.3中,对比不同节理倾角之间同一断层的裂隙率可以看出,断层裂隙率在不同状态下随着节理倾角的变化而呈现出不同的增长幅度,节理倾角为0°时的加锚节理试件在整个剪切试验过程中的裂隙增长了42.67%;节理倾角为30°时的加锚节理试件在整个剪切试验过程中的裂隙增长了39.41%;节理倾角为45°时的加锚节理试件在整个剪切试验过程中的裂隙增长了33.3%;节理倾角为60°时的加锚节理试件在整个剪切试验过程中的裂隙增长了36.24%。

从表3.4中,对比不同节理面粗糙度之间同一断层的裂隙率可以看出,断层裂隙率在不同状态下随着节理面粗糙度的变化而呈现出不同的增长幅度，*JRC* 为 0 时的加锚节理试件在整个剪切试验过程中的裂隙增长了 59.82%；*JRC* 为 3 时的加锚节理试件在整个剪切试验过程中的裂隙增长了 64.53%；*JRC* 为 9 时的加锚节理试件在整个剪切试验过程中的裂隙增长了 56.30%；*JRC* 为 16 时的加锚节理试件在整个剪切试验过程中的裂隙增长了 42.71%；*JRC* 为 21 时的加锚节理试件在整个剪切试验过程中的裂隙增长了 50.14%。

    将计算后得到的各受力阶段下的不同节理面倾角和节理面粗糙度的裂隙增长情况进行统计并绘制成图 3.38 和图 3.39。从上面两幅图中，能直观地看出节理倾角和节理面粗糙度的改变对加锚节理试件内部裂隙产生速率的影响，节理倾角变化时，随着倾角从 0°～60°，其剪切试验过程中总的增长量呈现出先减小，倾角为 45°时达到最小，然后增大的趋势；其变化速率（即各曲线的每段斜率）从最开始的缓慢降低到 45°后又随即上升，45°为曲线转折点。结合第二节的剪切试验部分得出，当节理倾角为 45°时，剪切作用对加锚节理试件的破坏相对较小，使得其剪切峰值强度为各加锚节理试件中最大的；节理面粗糙度变化时，随着 *JRC* 从 0 到 21，其剪切试验过程中总的增长量呈现出先减小，到 *JRC* 为 16 时达到最小，然后呈增大的趋势；其变化速率（即各曲线的每段斜率）从最开始的缓慢降低到 *JRC* 为 16 后又随即上升，当 *JRC* 为 16 时，为曲线转折点。结合前文剪切试验部分得出，当 *JRC* 为 16 时，剪切作用对加锚节理试件的破坏相对较小，使剪切峰值强度为各加锚节理试件中最大的。由前文可知：随着节理倾角的变化，岩体总的裂隙增量与其试件峰值强度的变化趋势呈负相关，即剪切峰值强度越大，试件总的裂隙增量越小。随着节理面粗糙度的变化，试件总的裂隙增量与其试件峰值强度的变化趋势也呈负相关，即剪切峰值强度越大，试件总的裂隙增量越小。当加锚节理试件经过剪切荷载作用后，内部断层的裂隙率增长较快将会造成试件抵抗外部荷载的能力降低，从而导致其剪切强度降低。

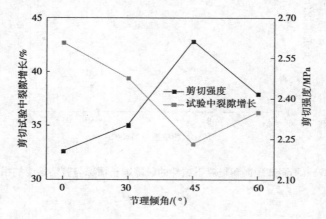

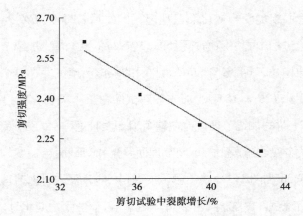

图 3.38　不同节理倾角下试件的裂隙增长情况与剪切强度的相关性

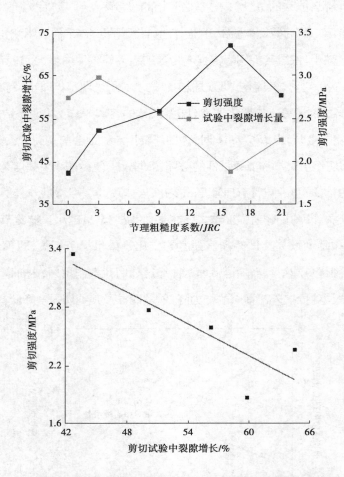

图 3.39　不同节理面粗糙度下试件的裂隙增长情况与剪切强度的相关性

✳ 3.7 加锚节理岩体的三维重构

通过前文的图像处理技术对不同阶段加锚节理试件的不同扫描断层的 CT 扫描图像进行研究分析,能够实现对加锚节理试件不同断层的裂隙演化规律进行研究,但对于断层的研究始终停留在二维阶段,分析结果具有局限性。对于三维整体来说,断层研究必须对一个整体的每个断层都进行分析,导致工作量增大。随着计算机的飞速发展,计算机的应用面越来越广,计算机的功能也越来越全,将 CT 扫描得到的图像导入医学软件 Mimics中,就能对原始的扫描图像进行三维重构,可以更加真实地还原加锚节理试件的原始和破坏后的状态。

图 3.40 为加锚节理试件受剪切荷载破坏后的三维重构模型。对比 Mimics 软件重构出的加锚节理试件与现实中试验所用试件,两者的相似程度极高,剪切变形后的锚杆也与重构出来的形变基本一致,因此,通过三维重构进行研究不同工况下加锚节理试件在剪切荷载作用下的内部破碎演化规律是可行的并且是具有实际意义的,从而能够更好地从细观角度研究加锚节理试件的破裂过程和试验过程中的力学破坏机制。

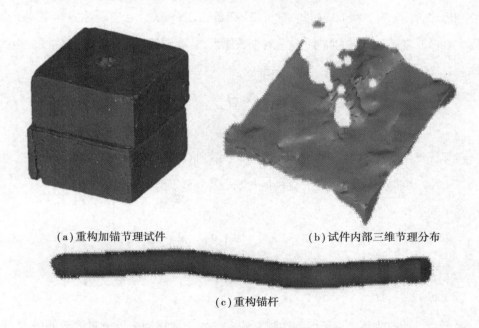

(a)重构加锚节理试件　　　　　　　　(b)试件内部三维节理分布

(c)重构锚杆

图 3.40　剪切破坏后的加锚节理试件三维重构

3.7.1 岩体内部破裂的分形描述

本节基于本章中的图像处理以及三维重构的基础上引入分形理论来描述加锚节理试件在剪切作用下的内部破碎状态,实现对试件内部破碎情况的定量分析。本节将选用比较常用的盒维数进行描述,盒维数计算示意图如图3.41所示。

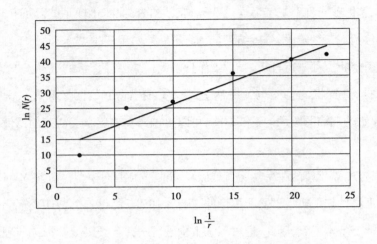

图3.41 盒维数计算示意图

(1)盒维数定义

利用边长为 r 的小盒子将所研究的图像覆盖住,然后统计含有裂隙的非空盒子个数 [记为 $N(r)$];随着边长 r 的减小,盒子的个数增大,从而能够更精确地覆盖住图像中的裂隙部分。当 $r \rightarrow 0$ 时,将得到所求的分形维数。

$$D_0 = -\lim_{r \rightarrow 0} \frac{\ln N(r)}{\ln(r)} = \lim_{r \rightarrow 0} \frac{\ln N(r)}{\ln \frac{1}{r}} \qquad (3.9)$$

实际计算中的 r 只能取有限的,因此选择一系列的 r 和 $N(r)$,然后在双对数坐标中用最小二乘法拟合得到直线,所得的直线斜率就是其分形维数。

盒子的边长一般取:

$$r_i = 2^i r_0 \quad (i = 1, 2, \cdots, n) \qquad (3.10)$$

式中 r_0——盒子的最小边长。

(2)差分盒维数

由于盒子计数法是用盒子覆盖住图形的盒子的个数作为分析分形维数的依据,而这种计算方法存在较大的误差,不能充分利用 CT 图像中的有效信息,因此,引入差分盒维数法,是在盒维数法的基础上的进一步完善,对给定的面积 $M \times M$ 的 CT 二值化图像进行分形计算。用边长为 r 的盒子取覆盖要分形的图像,则该图形可以被分解成 $s \times s$ 个小块,s 是介于 1 和 $M/2$ 之间的一个整数,记为 $r = s/M$。可把面积为 $M \times M$ 的图形抽象成一个三维空间,(x,y) 代表某一像素点所在的平面位置,第三维代表像素点的灰度值。这样把图像平面划分为多个 $s \times s$ 的网格,就可以认为在每一个网格的位置上存在一系列体积为 $s \times s \times s'$ 的盒子。假设在图像的第 (i,j) 个网格中的最大灰度值和最小灰度值相分别分布在第 1 个和第 k 个小盒子中,则 N_r 在第 $n_r(i,j)$ 个网格内的分布 $n_r(i,j)$ 为

$$n_r(i,j) = l - k + 1 \tag{3.11}$$

对所有的格子 $n_r(i,j)$ 求和,则有 $N_r = \sum n_r(i,j)$。

对于不同的 s,都存在与之对应的一个 r,s 不断变化 r 也随之变化,经过多次的变换,可以得到一些列的 $r \sim N(r)$ 散点图,采用最小二乘法可以拟合出 $\ln N(r) - \ln(1/r)$,该直线的斜率即为对应的分形维数 D。

(3)利用 Matlab 计算分形维数

利用 Matlab 软件自行编程进行分形维数的计算。具体步骤如下:

①读取图像。在计算机中,图片的大小、类型和数据区、偏移量等信息不能直接识别,需要转化成计算机能识别数字信息,通过 imread 函数导入图片信息,以数据字节的形式记录图片信息,还有一部分数据信息以二维数组的形式对应图片中的每个像素点的信息。

②将原始图像转化成灰度图像。将原始图像灰度处理的方式有分量法、最大法、平均法、加权平均法。Matlab 中采用的是加权平均的算法,调用 rgb2gray(I)函数对原始图像灰度处理。

③获取图像边缘。输入灰度处理后的图像后,调用 edge(I)函数,检测图像的边缘,将边缘位置的数值定义为1,其余部分定义为0,通过边缘检测选取出截面边界,避免截面周围的空气对计算试件内部裂隙的分形维数的影响。

④获取图像尺寸。经过上述步骤处理后,在程序中呈现的实际是一个矩阵形式,通过调用 size(I)函数,能够获取矩阵的行数和列数。

⑤求出 N_r 等数据。选取 CT 图像尺寸为 $M \times M$,选择盒子尺寸为 $s(1 \leqslant s \leqslant M/2,s = 2,4,8,\cdots)$,计算尺度 $r = s/M$ 将 CT 图像划分为 $s \times s \times s'$ 的盒子,计算各个盒子的 $n_r(i,j)$ 的值,计算该 $M \times M$ 区域内对于尺度 r 下的盒子数:$N_r = \left| \sum n_r(i,j) \right|/s^2$。

⑥曲线拟合。调用 Polyfit 函数,基于最小二乘法理论曲线拟合,直线的斜率即为所求的分形维数。

（4）结果分析

通过 Matlab 软件自行编程计算得到的分形维数列入表 3.5 和表 3.6 中,图 3.42 为选出的节理倾角为 0°时的散点图和拟合情况。

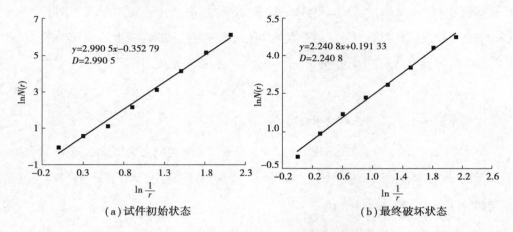

（a）试件初始状态　　　　　　　　　　（b）最终破坏状态

图 3.42　倾角为 0°的加锚节理试件分形维数变化

根据盒维数的定义,对于完整的试件分形维数为 3,随着加锚节理试件在剪切作用下的内部破裂程度的增大,从初始状态的接近 3 到最终破坏阶段的 2.204 8,分形维数越来越小。

3.7.2　含不同角度的加锚节理试件的三维重构模型研究

将 CT 扫描试验所得的图像进行处理,将处理后的图像导入 Mimics 中进行三维重构,将三维重构后的图像进行内部破裂情况的参数统计,见表 3.5。

表 3.5　不同工况下加锚节理试件内部破裂情况的参数统计（不同节理倾角）

不同工况		体分形维数	灰度值	体密度/10^{-2} mm
倾角为 0°	试件初始状态	2.990 5	252.509 8	0.153 8
	最终破坏状态	2.240 8	135.515 4	5.464 5
倾角为 30°	试件初始状态	2.951 3	251.809 4	0.132 6
	最终破坏状态	2.292 0	147.406 3	5.113 4
倾角为 45°	试件初始状态	2.903 4	249.350 3	0.165 3
	最终破坏状态	2.385 8	161.787 4	4.425 1
倾角为 60°	试件初始状态	2.954 0	251.575 9	0.168 5
	最终破坏状态	2.319 2	156.340 0	4.796 2

注:t 为体密度,即裂隙面面积除以试件体积。

从表 3.3 和图 3.43 中可以看出,随着节理倾角的增大,加锚节理试件的体密度先减小后增大,说明节理倾角的不同对加锚节理试件内部的破裂程度有所影响。灰度值及体分形维数的大小也能很好地反映加锚节理试件内部的破坏情况。在实际工程中,随着节理倾角的变化,在受到外荷载作用后加锚节理试件内部的破坏程度有所差异,从而影响其抵抗剪切的能力,因此,需要对节理试件的节理倾角进行监测,防止节理倾角的变化影响节理试件剪切力学特性。

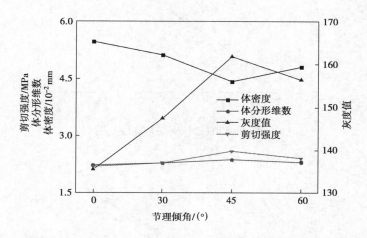

图 3.43　剪切强度、体分形维数、体密度及灰度值随节理倾角变化情况

由前述分析可知,加锚节理试件的剪切强度与体分形维数均随着节理倾角的增大先增大后减小,在节理倾角为 45°时,为转折点,即随着加锚节理试件受剪切作用而使其内部破裂增大,剪切强度与体分形维数逐渐减小。由图 3.44(a)可以看出,剪切强度与体分形维数二者之间存在较好的相关性。

由图 3.44(b)和图 3.44(c)可以得出与图 3.44(a)类似的结论,即剪切强度与体分形维数、灰度值以及体密度有着较好的相关性。由分析可知,随着加锚节理试件内部破坏程度的增大,其剪切强度随着体分形维数、灰度值的增大而增大,而随着体密度的增大而减小。这表明,利用体分形维数、灰度值、体密度来描述加锚节理试件内部裂隙发育情况进而研究其剪切强度的演化是比较合理的。

加锚节理试件在剪切荷载作用下,新发育的裂隙会朝节理面附近集聚,最终形成剪切滑动面。破裂面随着剪切外荷载的继续施加而慢慢成形,内部破裂情况将越发严重,并伴随着内部裂隙的发育及聚集的速率也将变快,导致加锚节理试件中的各种破裂情况占比增大,表征内部破裂情况的参数体密度随之增大,图像分割后得到的图像中黑色的裂隙占整体图像的比例也将越大,导致表征内部破裂情况的灰度值变小,通过 Matlab 运算得来的加锚节理试件体分形维数逐渐减小。在剪切作用下，加锚节理试件的内部发生破裂，使损伤程度大大提高，导致抵抗剪切的试件与钢筋均受到外荷载的影响而使其抗剪性能降低，进而反映出加锚节理试件的剪切强度降低。

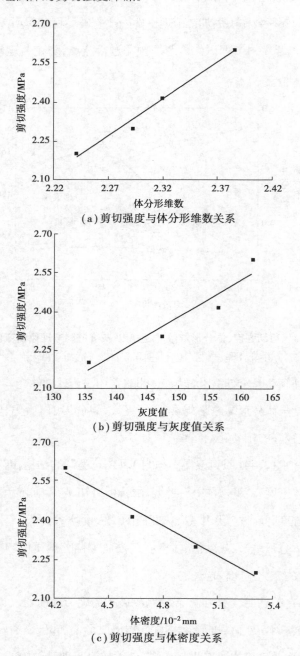

（a）剪切强度与体分形维数关系

（b）剪切强度与灰度值关系

（c）剪切强度与体密度关系

图 3.44　剪切强度与体分形维、灰度值及体密度的相关性曲线

3.7.3　含不同粗糙度的加锚节理岩体的三维重构模型研究

将 CT 扫描试验所得的图像进行处理,再将处理后的图像导入 Mimics 中进行三维重构,对三维重构后的图像进行内部破裂情况的参数统计见表3.6。

从表3.6和图3.45中可以看出,随着节理面粗糙度的增大,加锚节理试件的体密度先减小后增大,说明节理面的粗糙程度严重影响着加锚节理试件内部的破裂程度。灰度值及体分形维数的大小也能很好地反映加锚节理试件内部的破坏情况。在实际工程中,随着节理面粗糙程度的变化,在受到外荷载作用后加锚节理试件内部的破坏程度有所差异,从而影响其抵抗剪切的能力,因此,需对节理试件的节理面粗糙度进行监测,防止节理面粗糙度的变化影响节理试件剪切力学特性。

表3.6　不同工况下加锚节理试件内部破裂情况的参数统计(不同节理面粗糙度)

不同工况		体分形维数	灰度值	体密度/10^{-2} mm
节理光滑 ($JRC=0$)	试件初始状态	2.968 8	251.933 9	0.148 3
	最终破坏状态	2.127 7	93.617 2	4.732 5
$JRC=3$	试件初始状态	2.965 4	251.124 6	0.164 7
	最终破坏状态	2.171 8	83.952 0	4.802 3
$JRC=9$	试件初始状态	2.994 8	251.124 6	0.140 2
	最终破坏状态	2.213 9	102.924 5	4.623 3
$JRC=16$	试件初始状态	2.976 9	251.762 7	0.384 9
	最终破坏状态	2.340 9	132.987 5	4.326 1
$JRC=21$	试件初始状态	2.948 8	252.618 7	0.116 3
	最终破坏状态	2.291 5	117.601 3	4.501 1

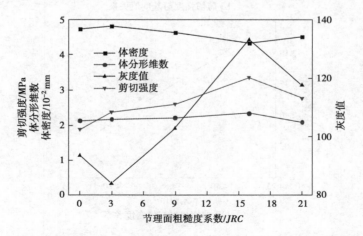

图3.45　剪切强度、体分形维数、体密度及灰度值随节理面粗糙度系数的变化情况

由前述分析可知,加锚节理试件的剪切强度与体分形维数均随着节理面粗糙度的增大先减小后增大,在 *JRC* 为16时,为转折点,即随着加锚节理试件受到剪切作用而使其内部破裂增大,剪切强度与体分形维数逐渐减小。由图3.46(a)可以看出,剪切强度与体分形维数二者之间存在较强的相关性。

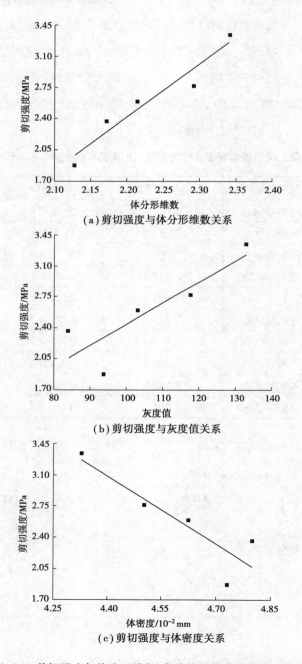

(a)剪切强度与体分形维数关系

(b)剪切强度与灰度值关系

(c)剪切强度与体密度关系

图3.46 剪切强度与体分形维数、灰度值及体密度的相关曲线

由图 3.46(b)和图 3.46(c)可以得出与图 3.46(a)类似的结论,即剪切强度与体分形维数、灰度值以及体密度有着较好的相关性。由分析可知,随着加锚节理试件内部破坏程度的增大,其剪切强度随着体分形维数、灰度值的增大而增大,而随着体密度的增大而减小。这表明,利用体分形维数、灰度值、体密度来描述加锚节理试件内部裂隙发育情况进而研究其剪切强度的演化是比较合理的。

加锚节理试件在剪切荷载作用下,新发育的裂隙会朝节理面附近集聚,最终形成剪切滑动面。破裂面随着剪切外荷载的继续施加而慢慢成形,内部破裂情况将越发严重,并伴随着内部裂隙的发育及聚集的速率也将变快,导致加锚节理试件中的各种破裂情况占比增大,表征内部破裂情况的参数体密度随之增大,图像分割后得到的图像中黑色的裂隙占整体图像的比例也将越大,导致表征内部破裂情况的灰度值变小,通过 Matlab 运算得来的加锚节理岩体体分形维数逐渐减小。在剪切作用下,加锚节理试件的内部发生破裂,使损伤程度大大提高,导致抵抗剪切的试件与钢筋均受到外荷载的影响而使其抗剪性能降低,进而反映出加锚节理试件的剪切强度降低。

4 加锚节理岩体单轴蠕变特性及其本构模型研究

✳ 4.1 概　述

深部岩体处在"三高"力学状态之下,使得岩体在强时间效应作用下出现一定的延性、蠕变性等软岩力学特性。在公路、铁路隧道、深埋巷道等深部岩土工程施工过程中,岩体变形往往会受节理的存在、时间的发展影响明显,极易随施工期限、服务年限的增加发生蠕变变形。

川藏铁路将新建数十座 10 km、埋深超过 1 km 的超长超深埋隧道,深部断层破碎带与隧道围岩具有明显的蠕变特征,其变形具有显著的时效性。现今支护技术中,预应力锚杆加固工艺简单便捷,经济高效,在岩土工程加固的各个领域中基本实现普及应用。尽管近几十年来学者们对预应力锚杆的锚固机制开展了大量室内试验与理论研究,但由于深部岩体处于复杂的地质条件,导致了现有锚固理论远远落后于工程实践的现状,实际工程中的地下锚固设计依旧采用经验、半经验方法。

本章在已有的锚固理论基础之上,利用理论分析、室内试验与数值模拟技术相结合的方法对加锚岩体蠕变变形与锚杆预应力损失之间的耦合关系进行深入探讨,进而指导锚固工程设计施工,对地下锚固工程发展具有一定的理论价值及实际意义。

✱ 4.2 单轴压缩蠕变试验设计

4.2.1 试验系统介绍

本试验内容为常规单轴压缩试验、单轴蠕变试验。试验系统由加载系统、应变数据采集系统组成。图4.1为试验系统实物图。

图4.1 试验系统实物图

本次试验加载系统采用辽宁工程技术大学土木工程试验中心的微机控制电液伺服三轴试验仪,如图4.1所示,TAW-2000试验仪由加载系统、测量系统、控制器等部分组成。三轴试验仪采用微机控制电液伺服阀与手动液压加载两种方式完成试验过程的加卸载控制。主机与控制柜依靠传输线进行试验控制。试验机采用传感器测力,主机自动采集应力-应变、位移-力、位移-时间数据等各类试验曲线,具有较高的精度。该试验机的主要技术参数有:试验机整体刚度达到10 GN/m以上,轴向可设置最大荷载2 000 kN,有效测力范围40~2 000 kN,测量力大小分辨率为20 N,测力精确程度±1%,可施加围压最大值100 MPa,围压准确度控制在±2%。

4.2.2 试件制备

试验选取合适的试验材料及合理的各组分配比模拟岩石,本次采用水泥砂浆为试件基体制作无节理试件和节理试件。选用42.5普通硅酸盐水泥、河沙进行配比,各组分配比为水泥∶沙＝1∶2。锚杆材料选用 HRB400 型钢材,直径为 10 mm,长为 160 mm,螺纹长为 15 mm,屈服强度为 400 MPa。模型整体为边长 150 mm 的正方体试件。通过在模具两侧切割倾角为 30°,60°,90°节理,并插入铁片进行节理预制,节理长 150 mm、宽 50 mm、厚 5 mm,在试件初凝后注入石膏进行填充。在浇筑过程中,在模具中心插入一根直径为 20 mm 的 PVC 管,在水泥沙浆初凝时将其拔出,将基体中的贯穿空洞当作杆体钻孔,并在后期注入水泥浆液。试件浇筑完成后,室内养护 28 d,在锚杆端头安装边长为 50 mm 的正方形垫板,通过拧紧螺母施加锚杆预应力。

为了全面获得试验信息,本次试验应变片粘贴方式如下:

①在锚杆端部、尾部,节理位置两侧粘贴应变片,用来测量锚杆轴力变化。

②在试件两侧纵向、横向粘贴应变片,用来测量试验过程中试件轴向、横向蠕变规律。试件垫板下方预埋应变片,用来测量锚杆预应力值的施加及其变化规律。

③沿节理面粘贴应变片,用来测量节理剪切变形规律。

✳ 4.3　常规单轴压缩试验

4.3.1　试验设计

室温条件下,对试件进行单轴压缩试验,单轴压缩试验采用轴向位移控制,加载速度均保持在 0.1 mm/min,采用动态应变仪对轴向应力-应变进行量测,对试件应力-应变曲线及基本物理力学性质进行分析。

4.3.2　试验结果及分析

(1)无锚试件单轴压缩试验结果

从图 4.2 可以看出,3 个无锚完整试件单轴极限抗压强度处于 9 ~ 11 MPa,其中 R1 无锚完整试件单轴极限抗压强度为 10.2 MPa,R2 无锚完整试件单轴极限抗压强度为 9.7 MPa,R3 无锚完整试件单轴极限抗压强度为 9.71 MPa,3 个试件单轴抗压强度平均值为 9.87 MPa。其受压过程分为 4 个阶段:

第一阶段:初始压密阶段,在此阶段由于试件非均质性,在轴压逐渐增大的过程中试件内部存在的裂纹、孔隙开始闭合,释放部分能量,应力-应变曲线斜率逐渐增大,表现出非线性上升变形特征。

第二阶段:弹性变形阶段,应力-应变曲线几乎呈现线性上升的特征,由于内部仍有一些缺陷存在,初期预制节理周围基本无破坏出现,随着应力的增加,由于预制节理周围微节理萌生,试件发生起裂现象,曲线呈现出非线性上升。

第三阶段:塑性软化阶段,应力-应变曲线速率变小,随着预制节理周围沿着轴向应力方向扩展形成局部贯通破裂面,产生应力跌落现象。

第四阶段:应力峰后阶段,峰值后应力-应变曲线出现了迅速的应力跌落,应变变化较小,此时裂纹快速扩展贯通,试件发生脆性破坏。

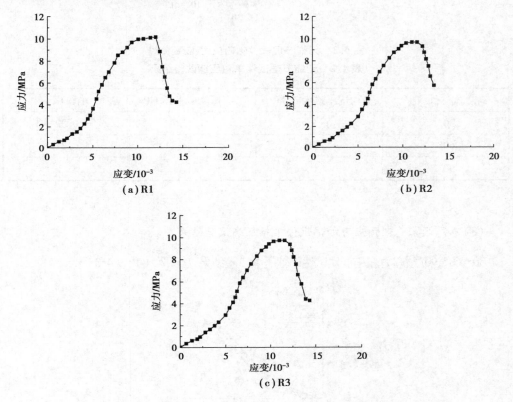

图4.2 试件轴向应力-应变曲线

试件单轴压缩试验结果见表4.1。

表4.1 单轴压缩试验结果

试件编号	抗压强度 P/MPa	弹性模量 E/GPa	泊松比 ν
R1	10.2	1.24	0.3
R2	9.7	1.20	0.31
R3	9.71	1.21	0.29
平均值	9.87	1.22	0.3

（2）不同倾角节理试件单轴压缩试验结果

30°，60°，90°节理试件进行单轴压缩试验结果，如图4.3和表4.2所示。

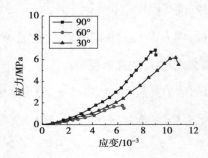

图4.3　无锚节理试件轴向应力-应变曲线

表4.2　无锚节理试件单轴压缩试验结果

试　件	平均抗压强度 P/MPa	平均弹性模量 E/GPa	泊松比 ν
30°	6.2	1.12	0.32
60°	1.75	0.34	0.31
90°	7.0	1.11	0.3

（3）不同倾角节理预应力加锚试件单轴压缩试验结果

30°，60°，90°预应力加锚节理试件单轴压缩试验结果，如图4.4和表4.3所示。

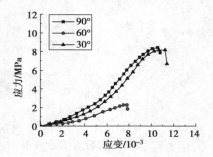

图4.4　加锚节理试件轴向应力-应变曲线

表4.3　加锚节理试件单轴压缩试验结果

试　件	平均抗压强度 P/MPa	平均弹性模量 E/GPa	泊松比 ν
30°	8.15	1.54	0.32
60°	2.27	0.42	0.31
90°	8.4	1.3	0.3

由表4.2、表4.3分析可知,30°,60°,90°加锚节理试件极限抗压强度分别提高31.5%,29.7%,20.0%,弹性模量分别提高37.5%,23.5%,17.1%。随着节理倾角的增加,锚杆对节理试件极限抗压强度及弹性模量提高率减小。由此表明,随着节理与锚杆夹角减小,锚杆对节理试件极限抗压强度及弹性模量提高率增加。

✷4.4 加锚无节理岩体单轴蠕变试验

4.4.1 试验设计

对加锚无节理岩体进行单轴蠕变试验,通过控制加载速率(500 N/s)达到控制荷载水平之后,保持荷载不变10 h。蠕变试验加载方式采用单级恒载蠕变方式,其控制荷载作用时间长,效果较好。根据试件极限抗压强度确定单轴蠕变控制荷载等级,见表4.4。

表4.4 单轴蠕变控制荷载等级

试件编号	一级控制荷载/MPa	二级控制荷载/MPa	三级控制荷载/MPa	四级控制荷载/MPa
R1	2	4	6	8
R2	2	4	6	8
R3	2	4	6	8

4.4.2 试验结果及分析

(1)加锚无节理试件纵向蠕变规律

由图4.5可知,在每级恒载控制下,试件均产生了瞬时变形阶段、初始蠕变阶段、等速蠕变阶段。随着控制荷载应力水平的增加,瞬时变形量占总变形量的比率减小,初始蠕变变形量占总变形比率增加并占有较大比重,在2~8 MPa应力加载水平作用下,随着加载时间的增加,试件变形速率逐渐减小,直至趋于稳定。在6 MPa和8 MPa高应力水平下均未发生加速蠕变阶段,证明了预应力锚杆提高了其发生加速蠕变的蠕变阈值。

试件在应力水平为2,4,6,8 MPa作用下,分别产生了0.45,0.78,1.14,1.57 mm瞬时变形量。在蠕变时间0~2 h内为各应力水平下试件的初始蠕变阶段,其蠕变速率随时间增加而减少。等速蠕变阶段发生在2~10 h,蠕变曲线近似直线,蠕变量随时间增加缓慢等速增加并趋于稳定。4种应力水平作用下试件最终蠕变量分别为0.95,1.82,2.64,3.51 mm。

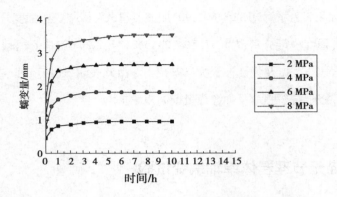

图4.5 加锚无节理试件纵向蠕变曲线

（2）加锚无节理试件横向蠕变规律

由图4.6可知,试件在4种应力水平作用下横向蠕变发生时间分别为1.1,2.1,2.6,3.2 min。这是由于预应力锚杆产生了与试件横向蠕变变形相反的锚固力。在试件横向变形发生的初始阶段,抵消了托盘产生预应力的锚固效果,延迟了试件发生横向初始变形的时间。随着试件横向变形抵消掉锚杆预应力产生的压缩变形,试件发生进一步的变形阶段,在此阶段由锚杆承担起分担外部荷载、约束试件蠕变的作用。图4.6所示试件均发生了瞬时变形、初始蠕变与等速蠕变阶段,其初始蠕变阶段占整体蠕变较大比重,在初始蠕变阶段后,试件变形趋于稳定。

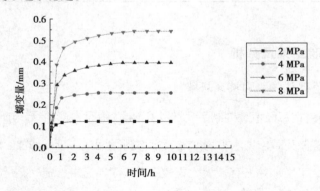

图4.6 加锚无节理试件横向蠕变曲线

在抵消预应力锚杆锚固力之后,试件在2,4,6,8 MPa应力水平作用下分别产生了0.08,0.09,0.11,0.14 mm瞬时变形量,继而进入蠕变变形阶段,其初始蠕变阶段均发生在0~2 h,等速蠕变阶段发生在2~10 h。最终蠕变量分别为0.12,0.25,0.39,0.54 mm。

（3）加锚无节理试件预应力损失规律

如图4.7所示,由于对试件施加轴向荷载,使试件发生了横向变形,导致锚杆预应力由初始的 20 kPa 迅速降低至 0 kPa,其损失时间与试件进入横向变形时间相对应,分别为 1.1,2.1,2.6,3.2 min。如图 4.7 所示随着应力水平增加,锚杆预应力接近线性递减。

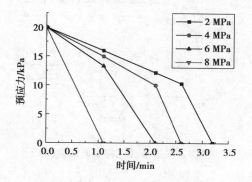

图 4.7 加锚无节理试件预应力损失曲线

✱4.5 加锚节理岩体单轴蠕变试验

4.5.1 试验设计

对 30°,60°,90°倾角节理预应力加锚试件进行单轴蠕变试验,通过控制加载速率(500 N/s)达到 2 MPa 之后,保持荷载不变,加载 10 h。蠕变试验加载方式考虑短时间内产生较好的蠕变变形效果,仍旧采用单级恒载蠕变进行加载。

4.5.2 试验结果及分析

(1)加锚节理试件纵向蠕变规律

由图 4.8 可知,在应力水平 2 MPa 的作用下,30°,60°,90°倾角节理试件均呈现出 3 个阶段的变形,即瞬时变形、衰减蠕变和稳态蠕变。随着节理角度的增加,试件瞬时变形量、衰减蠕变量和稳态蠕变量呈先增加后减小的规律。试件在初始蠕变阶段后,蠕变速率逐渐减小,直至趋于稳定。

应力水平为 2 MPa 下,30°,60°,90°节理试件分别产生了 0.74,0.83,0.63 mm 瞬时变形量,试件初始蠕变阶段均在 0~2 h 内,在等速蠕变阶段(2~10 h),蠕变速率趋于稳定,蠕变曲线近似直线。3 种节理倾角的最终蠕变量分别为 0.97,1.09 和 0.88 mm。

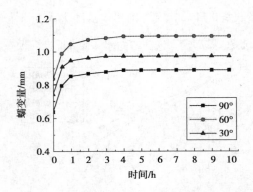

图 4.8　加锚节理试件纵向蠕变曲线

（2）加锚节理试件横向蠕变规律

由图 4.9 可知，由于锚杆预应力锚固作用，30°，60°，90°节理试件横向变形发生时间分别为 1，0.5 和 1.5 min。在抵消预应力锚固效果后，均发生了瞬时变形阶段、初始蠕变阶段和等速蠕变阶段，随着倾角减小，初始蠕变阶段占整体蠕变比重明显增加，瞬时变形量所占比重明显减小，试件瞬时变形量、衰减蠕变量和稳态蠕变量呈先增加后减小的规律。随着倾角的减小，角度间横向蠕变差值迅速降低。说明锚杆与节理夹角逐渐减小，锚杆越能体现其对试件的锚固效果。相对于纵向蠕变差值的变化规律，预应力锚杆的横向抵抗蠕变变形作用大于纵向抵抗蠕变变形的效果。

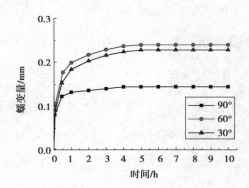

图 4.9　加锚节理试件横向蠕变曲线

抵消预应力锚杆锚固力之后，30°，60°，90°节理试件分别产生了 0.091，0.11，0.08 mm 瞬时变形量，继而进入蠕变变形阶段，其初始蠕变阶段均发生在 0 ~ 4 h，等速蠕变阶段发生在 4 ~ 10 h。最终蠕变量分别为 0.23，0.24，0.14 mm。

（3）加锚节理试件预应力损失规律

如图 4.10 所示，随着轴向荷载的施加，试件横向发生了蠕变变形，导致锚杆预应力由初始的 20 kPa 迅速降低至 0 kPa,其损失时间与试件进入横向蠕变变形时间相对应,分别为 1,0.5,1.5min。如图 4.10 所示,随着节理角度减小,锚杆预应力损失时间呈先减小后增加的规律。

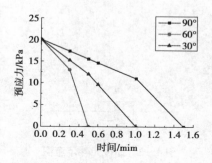

图 4.10 预应力损失曲线

★4.6 加锚节理岩体蠕变变形与锚杆预应力损失耦合效应研究

4.6.1 加锚无节理岩体蠕变变形与锚杆预应力损失耦合效应模型研究

1)弹性元件

弹性元件由一个弹簧组成,用来模拟理想的弹性体,如图 4.11 所示,其本构规律服从虎克定律,即

$$\varepsilon = \frac{\sigma}{E} \tag{4.1}$$

式中　E——弹性模量,Pa;

　　　σ——应力,Pa;

　　　ε——应变。

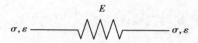

图 4.11 弹性元件示意图

2)黏性元件

黏性元件由一个带孔活塞和充满黏性液体的圆桶组成,又称阻尼器,如图 4.12 所示,用来模拟理想的黏性体,其本构规律服从牛顿定律,即

$$d\varepsilon = \frac{\sigma}{\eta} \tag{4.2}$$

分离变量积分后,得

$$\varepsilon = \frac{\sigma_0}{\eta}t \tag{4.3}$$

式中　　η——动力黏滞系数,Pa·s;

　　　　t——时间,h;

　　　　σ_0——初始应力,Pa。

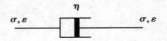

图4.12　黏性元件示意图

3)塑性元件

塑性元件由一对摩擦片构成,如图4.13所示用来模拟完全塑性体,其本构规律服从库伦摩擦定律。塑性体受力后,当应力小于其屈服极限时,物体不产生变形,当应力一旦达到或超过屈服极限 σ_s 时,便开始持续不断地流动变形。

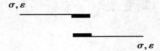

图4.13　塑性元件示意图

4)Maxwall 模型

Maxwall 模型由弹性元件和黏性元件串联而成,如图4.14所示。通常用来模拟软硬相间的岩体在垂直侧面加载条件下的本构规律。

Maxwall 模型的本构方程为

$$\frac{\mathrm{d}\varepsilon}{\mathrm{d}t} = \frac{1}{E}\frac{\mathrm{d}\sigma}{\mathrm{d}t} + \frac{\sigma}{\eta} \tag{4.4}$$

研究模型的蠕变特性,使 σ 为常量,模型蠕变方程为

$$\varepsilon = \frac{\sigma_0}{\eta}t + \frac{\sigma_0}{E} \tag{4.5}$$

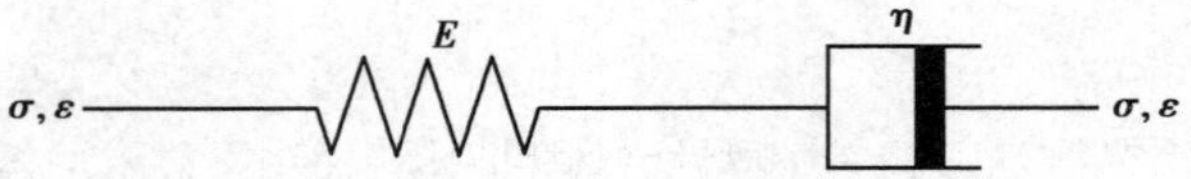

图4.14　Maxwall 模型

Maxwell 模型的蠕变曲线如图4.15所示。在 $t=0$ 时,模型具有瞬时变形。

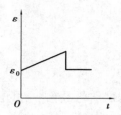

图 4.15 Maxwall 模型的蠕变曲线

5）Kelvin 模型

Kelvin 模型由弹性元件和黏性元件并联构成，如图 4.16 所示。Kelvin 模型常用来模拟软硬相间的层状岩体在平行层面加荷时的本构规律。

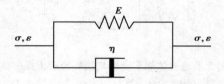

图 4.16 Kelvin 模型

Kelvin 模型本构方程为

$$\sigma = E\varepsilon + \eta \frac{\mathrm{d}\varepsilon}{\mathrm{d}t} \tag{4.6}$$

当 σ 为常量时，Kelvin 模型的蠕变方程为

$$\varepsilon = \frac{\sigma_0}{E}\left(1 - \mathrm{e}^{-\frac{E}{\eta}t}\right) \tag{4.7}$$

Kelvin 模型蠕变曲线如图 4.17 所示，可知 Kelvin 模型不具有瞬时变形。

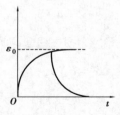

图 4.17 Kelvin 模型的蠕变曲线

岩体流变模型采用广义开尔文（General Kelvin）模型，该模型由弹簧和 Kelvin 模型串联组成，其本构方程为

$$\frac{\eta_{\mathrm{k}}}{E_{\mathrm{h}} + E_{\mathrm{k}}}\dot{\sigma}_{\mathrm{k}} + \sigma_{\mathrm{k}} = \frac{E_{\mathrm{h}}E_{\mathrm{k}}}{E_{\mathrm{h}} + E_{\mathrm{k}}}\varepsilon_{\mathrm{k}} + \frac{\eta_{\mathrm{k}}E_{\mathrm{k}}}{E_{\mathrm{h}} + E_{\mathrm{k}}}\dot{\varepsilon}_{\mathrm{k}} \tag{4.8}$$

式中 E_{h}——瞬时弹性模量，Pa；

E_k——滞后弹性模量,Pa;

E_s——锚杆弹性模量,Pa;

η_k——黏滞系数,Pa·h。

广义开尔文模型对模拟岩石的黏-弹性具有一定的优势,同时该模型具有模拟岩石瞬时弹性变形的优点。

考虑岩体蠕变与锚杆预应力损失耦合效应,将代表锚杆弹性元件与广义开尔文体并联,表征锚-岩协同变形。其模型如图4.18所示。

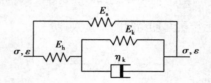

图4.18　加锚无节理岩体蠕变变形与锚杆预应力损失耦合效应模型

对于假定岩体为各项同性的均质体,锚杆预应力均匀分布在均质岩体上,锚杆的弹性模量可以等效转化为

$$E_s = \frac{E_1 A_s}{A_r} \tag{4.9}$$

式中　E_1——锚杆实际弹性模量,Pa;

A_s——锚杆体截面面积,cm^2;

A_r——锚杆体侧向有效锚固范围内岩体截面面积,cm^2。

设定锚杆的弹性模量随时间变化的损失函数为

$$y = at + b \tag{4.10}$$

用来表征轴向压力对侧向锚杆预应力损失程度,则

$$E'_s = E_s(at + b) \tag{4.11}$$

当$t=0$时,$E'_s = E_s$,则$b=1$,$E'_s = E_s(at+1)$。

考虑锚-岩协同变形机制以及其耦合关系,则有

$$\sigma = \sigma_s + \sigma_k \tag{4.12}$$

$$\varepsilon = \varepsilon_s = \varepsilon_k \tag{4.13}$$

$$\sigma_k = \sigma - \sigma_s = \sigma - E'_s \varepsilon_s = \sigma - E_s \varepsilon(at+1) \tag{4.14}$$

对式(4.14)求导,得

$$\dot{\sigma}_k = \dot{\sigma} - E_s \varepsilon a \tag{4.15}$$

将式(4.15)代入本构方程:

$$\sigma + \frac{\eta_k}{E_h + E_k}\dot{\sigma} = \left[\frac{E_h E_k + \eta_k E_s a}{E_h + E_k} + E_s(at+1) \right]\varepsilon + \frac{\eta_k E_k}{E_h + E_k}\dot{\varepsilon} \qquad (4.16)$$

当 $\sigma = \sigma_c = \mathrm{con}\,st$ 时,式(4.16)可转化为

$$\sigma_c = A\varepsilon + B\dot{\varepsilon} \qquad (4.17)$$

$$\frac{E_h E_k + \eta_k E_s a}{E_h + E_k} + E_s(at+1) = A \qquad (4.18)$$

$$\frac{\eta_k E_k}{E_h + E_k} = B \qquad (4.19)$$

进一步整理,得

$$\sigma_c = D\varepsilon + Ct\varepsilon + B\dot{\varepsilon} \qquad (4.20)$$

$$\frac{E_h E_k + \eta_k E_s a}{E_h + E_k} + E_s = D \qquad (4.21)$$

$$E_s a = C \qquad (4.22)$$

求解式:

$$\varepsilon = \mathrm{e}^{-\left(Ft+\frac{Ht^2}{2}\right)}\left[G + Et\left(1 + \frac{Ft}{2} + \frac{Ht^2}{6}\right) \right] \qquad (4.23)$$

其中,$E = \dfrac{\sigma_c}{B}, F = \dfrac{D}{B} H = \dfrac{C}{B}$。

当 $t=0$ 时,岩体的弹性变形为

$$\varepsilon_0 = \frac{\sigma_c}{E_h + E_s} = G \qquad (4.24)$$

将式(4.24)代入式(4.23)后,得

$$\frac{\sigma_c}{E_h + E_s} = G \qquad (4.25)$$

4.6.2　加锚节理岩体蠕变变形与锚杆预应力损失耦合效应

1)加锚节理岩体蠕变变形与锚杆预应力损失耦合效应模型的建立

大量工程实例表明:岩体工程失稳破坏与其内部节理、裂隙发育、扩展、贯通息息相关。有必要针对节理加锚试件蠕变变形与锚杆预应力损失耦合效应进行研究。本节以单条节理加锚试件为分析对象,设置 3 种节理倾角,分析不同节理角度的岩体蠕变变形特征与锚杆预应力损失耦合效应。参考 Chen 等[69-70] 在 Sharma 和 Pande 的流变模型[71] 的基础

上提出了新的加锚节理岩体流变模型构建方式,将整体模型分为岩体部分与节理部分,两部分均采用广义开尔文模型并将其串联,表征模型整体蠕变分为密实岩体变形与节理变形之和,模型如图4.19所示。

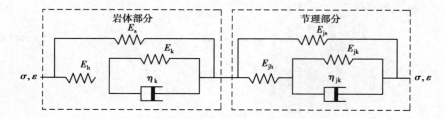

图4.19　加锚节理岩体蠕变变形与锚杆预应力损失耦合效应模型

已知式(4.8)为

$$\frac{\eta_k}{E_h + E_k}\dot{\sigma}_k + \sigma_k = \frac{E_h E_k}{E_h + E_k}\varepsilon_k + \frac{\eta_k E_k}{E_h + E_k}\dot{\varepsilon}_k$$

式中　E_h, E_k, η_k——岩体的元件参数。

节理部分本构方程为

$$\frac{\eta_{jk}}{E_{jh} + E_{jk}}\dot{\sigma}_{jk} + \sigma_{jk} = \frac{E_{jh} E_{jk}}{E_{jh} + E_{jk}}\varepsilon_{jk} + \frac{\eta_{jk} E_{jk}}{E_{jh} + E_{jk}}\dot{\varepsilon}_{jk} \tag{4.26}$$

式中　$E_{jh}, E_{jk}, \eta_{jk}$——节理的元件参数。

对于均质岩体,假设锚杆自由段预应力均匀分布在均匀岩体上,那么锚杆体的弹性模量可以等效转化为式(4.9)、式(4.27)。

$$E_{js} = \frac{E_1 A_s}{A_r} \tag{4.27}$$

式中　E_1——锚杆实际弹性模量,Pa;

　　　　A_s——锚杆体侧向截面面积,cm^2;

　　　　A_r——锚杆体侧向有效锚固范围内岩体截面面积,cm^2。

设定锚杆弹性模量随时间变化的损失函数 $y = at + b$,用来表征轴向压力对侧向锚杆预应力的损失程度。则 $E_s' = E_s(at + b)$,当 $t = 0$ 时,$E_s' = E_s$,则 $b = 1$,$E_s' = E_s(a't + 1)$;则 $E_{js}' = E_{js}(a't + b)$;当 $t = 0$ 时,$E_s' = E_{js}$,则 $b = 1$,$E_s' = E_{js}(a't + 1)$。

$$\sigma = \sigma_k = \sigma_{jk} \tag{4.28}$$

$$\varepsilon = \varepsilon_k + \varepsilon_{jk} \tag{4.29}$$

$$\varepsilon_k = e^{-\left(F_1 t + \frac{H_1 t^2}{2}\right)}\left[G_1 + E_1 t\left(1 + \frac{F_1 t}{2} + \frac{H_1 t^2}{6}\right)\right] \tag{4.30}$$

$$\varepsilon_{jk} = e^{-\left(F_2 t + \frac{H_2 t^2}{2}\right)}\left[G_2 + E_2 t\left(1 + \frac{F_2 t}{2} + \frac{H_2 t^2}{6}\right)\right] \tag{4.31}$$

其中，$E_2 = \dfrac{\sigma_c}{B_2}, F_2 = \dfrac{D_2}{B_2}, H_2 = \dfrac{C_2}{B_2}, \dfrac{\sigma_c}{E_{jh} + E_{js}} = G_2, \dfrac{\eta_{jk} E_{jk}}{E_{jh} + E_{jk}} = B_2$。

$$\frac{E_{jh} E_{jk} + \eta_{jk} E_{js} a}{E_{jh} + E_{jk}} + E_{js} = D_2 \tag{4.32}$$

$$E_{js} a' = C_2 \tag{4.33}$$

其中，$E_1 = \dfrac{\sigma_c}{B_1}, F_1 = \dfrac{D_1}{B_1}, H_1 = \dfrac{C_1}{B_1}, \dfrac{\sigma_c}{E_h + E_s} = G_1$。

$$\frac{\eta_k E_k}{E_h + E_k} = B_1 \tag{4.34}$$

$$\frac{E_h E_k + \eta_k E_s a}{E_h + E_k} + E_s = D_1 \tag{4.35}$$

$$E_s a = C_1 \tag{4.36}$$

$$\varepsilon = e^{-\left(F_1 t + \frac{H_1 t^2}{2}\right)}\left[G_1 + E_1 t\left(1 + \frac{F_1 t}{2} + \frac{H_1 t^2}{6}\right)\right] + e^{-\left(F_2 t + \frac{H_2 t^2}{2}\right)}\left[G_2 + E_2 t\left(1 + \frac{F_2 t}{2} + \frac{H_2 t^2}{6}\right)\right] \tag{4.37}$$

2)加锚节理岩体蠕变变形与锚杆预应力损失耦合效应数值试验

(1)计算假定

本节采用有限元软件 FLAC3D 进行数值模拟。根据实际情况，采用了以下假定：

模型试件为均质、连续、各向同性体，节理部分采用实体加接触面结构，节理长 15 cm，宽 5 cm，厚 5 mm。节理与锚杆夹角设置 3 种角度，分别为 30°，60°，90°。

(2)试验模型

模型锚杆采用 pile 结构单元建立，视为弹性体材料，不考虑预应力锚杆自身的应力松弛。蠕变运算采用数值软件内置 Viscous 经典蠕变本构模型对锚固系统进行粘-弹特性分析。

取边长 15 cm 的正方体模型视为试件模型，锚杆直径 10 mm，锚杆长 15 cm，预应力施加值 20 kPa，模型具体参数同前文。不同角度节理数值模型如图 4.20 所示，数值实验材料参数见表 4.5。

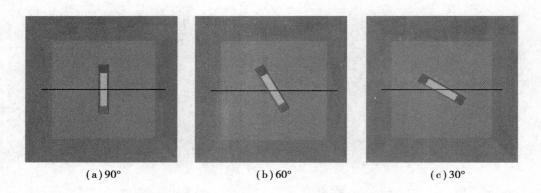

（a）90°　　　　　　　　（b）60°　　　　　　　　（c）30°

图4.20　不同倾角数值试验模型

表4.5　数值实验材料参数

力学参数	E/Pa	ν	$\eta/(Pa \cdot s)$	$\rho/(kg \cdot m^{-3})$
围岩	1.22E9	0.3	2.7E9	2 047
节理	1.01E9	0.3	2E9	1 394

3）数值试验结果分析

（1）90°倾角节理试件蠕变规律

如图4.21所示，取90°节理试件1，4，7，10 h x-z 平面纵向蠕变云图分析，由 x-z 平面纵向蠕变变形趋势可以观察到，由于预应力锚杆的锚固效果，在施加荷载初始阶段，试件产生了不均匀变形，致使试件局部变形量较大。由于节理弱面存在，相同水平位置，节理轴向变形较大。随着蠕变荷载施加的时间增加，试件轴向平均蠕变量减少，并趋于均匀。说明随着蠕变变形过程，预应力锚杆的锚固效果呈减弱趋势。节理面的存在，使试件整体变形呈两边向中心递减趋势增加，且节理面增加了与其变形值相同的变形范围。

图4.22是以试件顶面中心单元为例的纵向蠕变曲线，由图可知，随着轴向荷载的施加，试件产生了0.61 mm的瞬时变形量。试件的初始蠕变阶段发生在0～2 h内，其间试件纵向蠕变速率随时间增加逐渐降低，蠕变曲线主体呈下凹形，当 $t = 2$ h时，试件纵向蠕变速率达到最小值。试件的等速蠕变阶段发生在2～10 h内，蠕变量随着时间缓慢递增并最终趋于稳定。蠕变曲线近似直线，最终蠕变量为0.866 mm。

图4.23为试件在轴向压缩蠕变过程中，取1，4，7，10 h x-z 平面横向的蠕变变形云图。由图可知，试件由于预应力锚杆作用，试件首先发生了明显的剪切变形特征，呈倾斜不均匀变化，由于竖直方向节理面的存在，使得试件在横向蠕变变形量增大，随着蠕变时间增

加,预应力锚固效果减弱,试件切向蠕变变形沿节理趋于均匀分布,最终产生劈裂变形趋势,出现了扩容现象。相比无节理模型,横向最终蠕变变形量增加。

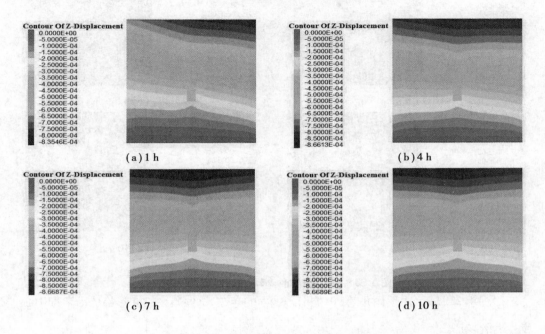

图 4.21　90°节理试件 *x-z* 平面纵向变化规律

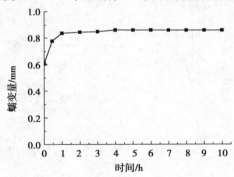

图 4.22　90°节理试件纵向蠕变曲线

图 4.24 为 $x=0$ 时断面中心点横向蠕变曲线。由图可知,随着轴向荷载的施加,试件横向并未随即产生瞬时变形。待锚杆预应力值损失至 0,$t=1.5$ min 后,试件产生了 0.078 mm 的瞬时变形量。试件的初始蠕变阶段发生在 $0\sim2$ h 内,其间试件横向蠕变速率随时间增加而降低,蠕变曲线主体呈下凹形,当 $t=2$ h 时,试件纵向蠕变速率达到最小值。试件的等速蠕变阶段发生在 $2\sim10$ h 内,蠕变量在 $2\sim5$ h 内产生较明显的等速蠕变现象,在 5 h 后,试件横向蠕变量趋于稳定。最终蠕变量为 0.14 mm。相比无节理试件,其初始变形及最终变形值均增加,进入等速蠕变阶段时间减小。

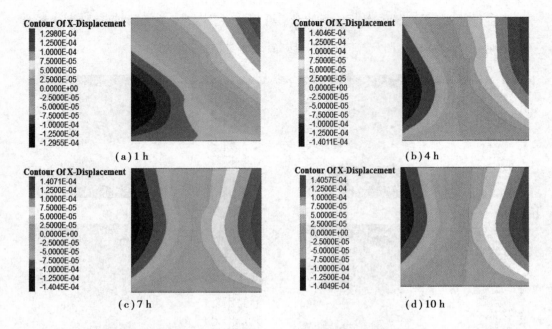

图 4.23 90°节理试件 *x-z* 平面横向变化规律

如图 4.25 所示,由于倾角为 90°的节理弱面的存在,试件最终的变形趋势沿节理中心发生劈裂变形。

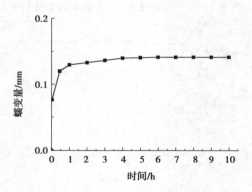

图 4.24 90°节理试件横向蠕变曲线

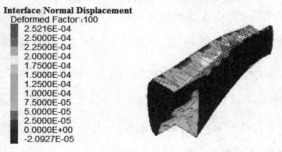

图 4.25 90°节理试件接触面变形

（2）60°倾角节理试件蠕变规律

如图4.26所示，取1,4,7,10 h *x-z* 平面纵向蠕变云图分析，由 *x-z* 平面轴向蠕变变形趋势可以看出，由于预应力锚杆的锚固效果，在试件施加荷载初始阶段，试件产生了剪切变形，试件右侧局部变形量较大。由于节理弱面存在，相同水平位置的节理轴向变形较大。随着蠕变荷载的完全施加，试件轴向平均蠕变量少量减少，并趋于均匀。说明随着蠕变变形过程，预应力锚杆的锚固效果呈减弱趋势。节理面的存在，使试件整体变形呈两边向中心递增趋势，并且节理面增加了变形范围。相比90°试件轴向变形规律，其轴向蠕变量数值增加，形成的剪切趋势增加，并在蠕变应力作用下，最终形成 V 字区范围的增加。

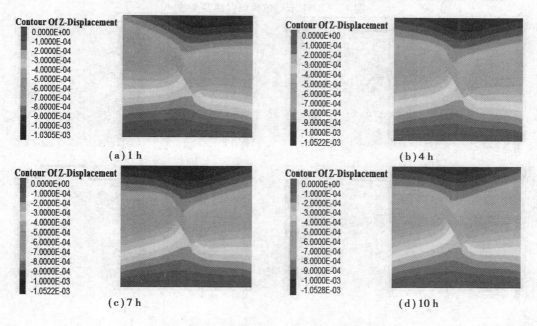

（a）1 h　　（b）4 h　　（c）7 h　　（d）10 h

图4.26　60°节理试件 *x-z* 平面纵向变化规律

图4.27是以试件顶面中心单元为例的纵向蠕变曲线，由图可知，随着轴向荷载的施加，试件产生了0.8 mm的瞬时变形量。试件的初始蠕变阶段发生在 0～2 h 内，其间试件纵向蠕变速率随着时间的增加而降低，蠕变曲线主体呈下凹形，当 *t* = 2 h 时，试件纵向蠕变速率达到最小值。试件的等速蠕变阶段发生在 2～10 h 内，蠕变量随着时间缓慢递增并最终趋于稳定。蠕变曲线近似直线，最终蠕变量为1.05 mm。

图4.28是试件在轴向压缩蠕变过程中，横向的蠕变变形云图。由图可知，试件因预应力锚杆的作用，锚端位置的横向变形范围由试件底部向顶部移动。随着蠕变时间增加，预应力锚固效果减弱，节理面变形明显，试件沿节理两端发生变形角度为60°的剪切变形，

变形特征较为明显。

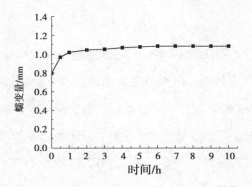

图 4.27　60°节理试件纵向蠕变曲线

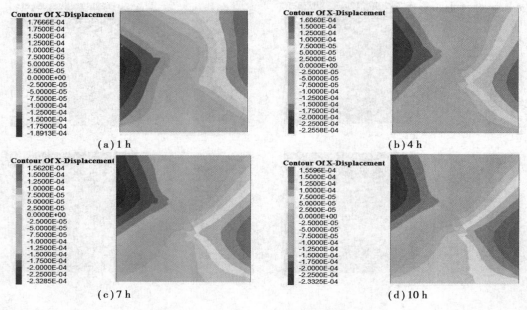

图 4.28　60°节理试件 x-z 平面横向变化规律

图 4.29 为 $x = 0$ 断面中心点横向蠕变曲线。由图可知,随着轴向荷载的施加,试件横向并未随即产生瞬时变形。待锚杆预应力值损失至 0,$t = 0.6$ min 后,试件产生了 0.092 mm 的瞬时变形量。试件的初始蠕变阶段发生在 0 ~ 4 h 内,其间试件横向蠕变速率随着时间的增加而降低,蠕变曲线主体呈下凹形,当 $t = 4$ h 时,试件纵向蠕变速率达到最小值。试件的等速蠕变阶段发生在 4 ~ 10 h 内,试件横向蠕变量趋于稳定。最终蠕变量为 0.233 mm。相对 90°节理试件,其初始变形及最终变形值均增加,进入等速蠕变阶段时间减小。60°节理面使试件 x 方向剪切变形增加,进入等速蠕变阶段时间增加。

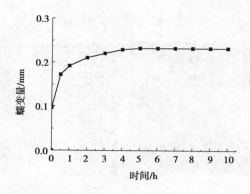

图 4.29 60°节理试件横向蠕变曲线

如图 4.30 所示,由接触面剪切变形可以观察到,其左侧顶部及右侧底部变形最为明显,由于节理角度与水平方向成 60°,受到轴向压力作用,节理面两侧成 60°对称剪切变形发展。

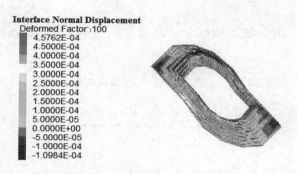

图 4.30 60°节理试件接触面变形

(3)30°倾角节理试件蠕变规律

如图 4.31 所示,取 1,4,7,10 h 平面纵向变形云图分析,从 x-z 平面轴向蠕变变形趋势可以看出,由于预应力锚杆的锚固效果,在试件施加荷载的初始阶段,试件顶部 V 字区分布不均匀,偏向试件尾部分布。由于节理弱面的存在,相同水平位置,节理纵向变形较大。随着蠕变时间的增加,试件轴向蠕变量趋于均匀。说明随着蠕变变形过程,预应力锚杆的锚固效果呈减弱趋势。节理面的存在,使试件整体变形呈两边向中心递增的趋势,并且节理面增加了变形范围。相比 60°轴向变形,其蠕变值减小。

图 4.32 是以试件顶面中心单元为例的纵向蠕变曲线,由图可知,随着轴向荷载的施加,试件产生了 0.72 mm 的瞬时变形量。试件的初始蠕变阶段发生在 0 ~ 2 h 内,其间试件纵向蠕变速率随着时间的增加而降低,蠕变曲线主体呈下凹形,当 $t = 2$ h 时,试件纵向蠕变速率达到最小值。试件的等速蠕变阶段发生在 2 ~ 10 h 内,蠕变量随时间缓慢递增并最

终趋于稳定。蠕变曲线近似直线,最终蠕变量为 0.95 mm。

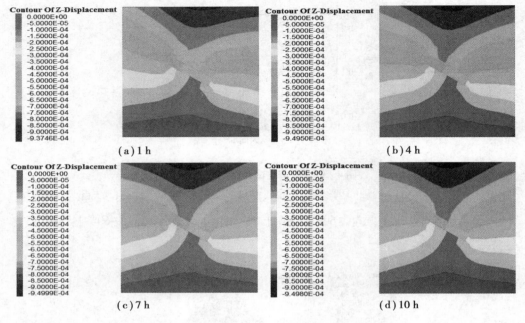

图 4.31　30°节理试件 x-z 平面纵向变化规律

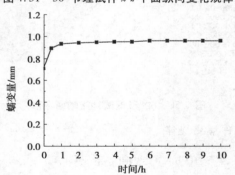

图 4.32　30°节理试件纵向蠕变曲线

图 4.33 取试件在轴向压缩蠕变过程中 1,4,7,10 h 平面横向蠕变云图分析,由图可知,试件由于预应力锚杆的作用,试件变形趋势由顶部向底部发展。随着蠕变时间的增加,预应力锚杆锚固效果逐渐减弱,试件沿节理面端部变形,最终变形趋向 30°剪切变形,变形特征较为明显。

图 4.34 为 $x=0$ 断面中心点横向蠕变曲线。由图可知,随着轴向荷载的施加,试件横向并未随即产生瞬时变形。待锚杆预应力值损失至 0, $t=1$ min 后,试件产生了 0.081 mm 的瞬时变形量。试件的初始蠕变阶段发生在 0~3 h 内,其间试件横向蠕变速率随着时间的增加而降低,蠕变曲线主体呈下凹形,当 $t=3$ h 时,试件纵向蠕变速率达到最小值。试

件的等速蠕变阶段发生在 3～10 h 内,试件横向蠕变量趋于稳定。最终蠕变量为 0.22 mm。

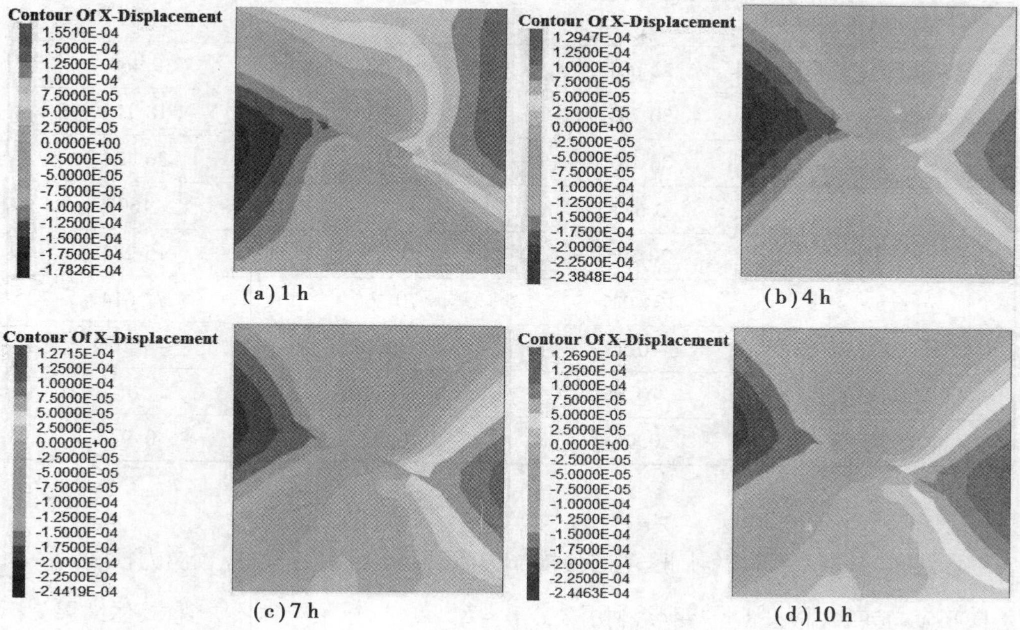

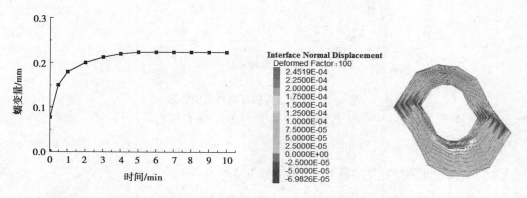

图 4.33 30°节理试件 x-z 平面横向变化规律

由图 4.35 接触面剪切变形可以看出,其左侧顶部及右侧底部变形最为明显,由于节理角度与水平方向成 30°,受到轴向压力作用,节理面两侧最终成 30°发生剪切变形。对比分析 3 种角度条件下节理面变形趋势,试件整体变形以节理面滑移为主,最终发生明显的压剪破坏。

图 4.34 30°节理试件横向蠕变曲线　　**图 4.35 30°节理试件接触面变形**

4.6.3 蠕变模型参数及预应力损失相关参数研究

无节理加锚试件蠕变变形与锚杆预应力损失耦合效应模型参数,见表 4.6。

表 4.6　无节理加锚试件蠕变变形与锚杆预应力损失耦合效应模型参数

节理倾角	90°	60°	30°
E_h/Pa	22 081	4 450	9 467
E_k/Pa	30 781	13 920	18 712
η_k/Pa·s	36 187	21 930	26 404
E_{ih}/Pa	3 677	10	160
E_{ik}/Pa	20 195	9 819	15 281
η_{ik}/Pa·s	104 047	70 265	77 614
a	-0.11	-0.05	-0.054
a'	-0.06	-0.14	0
相关系数 R	0.96	0.93	0.97

通过式(4.11)计算出锚固区范围弹模损失值,根据预应力锚杆在预应力损失阶段由于横向应力导致端头的回弹变形,利用公式 $\sigma = E'_s \cdot \varepsilon$,计算预应力损失值,具体结果分析如图 4.36 所示。

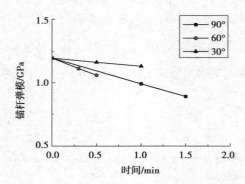

图 4.36　节理试件锚杆弹模损失曲线

由图 4.37 可知,锚端回弹变形趋于非线性变化。随着倾角减小,回弹曲线降低速率先增加后减小,回弹变形时间由 1.5 min 递减为 0.5 min,相比无节理试件,其回弹变形时间明显减小,说明节理存在加速了预应力的损失速率。

经预应力损失计算公式得到锚杆预应力损失规律,由图 4.38 可知,由于施加预应力较小,导致纵向蠕变应力的横向应力分量远大于预应力值,预应力损失时间段多发生在起始阶段,随着应力水平的增加,预应力损失曲线呈非线性递减。3 种倾角节理试件的锚杆预应力损失时间分别为 1.5,0.5,1 min。理论推导值较为接近预应力损失试验结果,可以较好地反映单轴压缩蠕变变形导致的锚杆预应力损失规律。

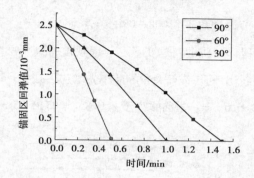

图 4.37　节理试件锚固区回弹变形曲线

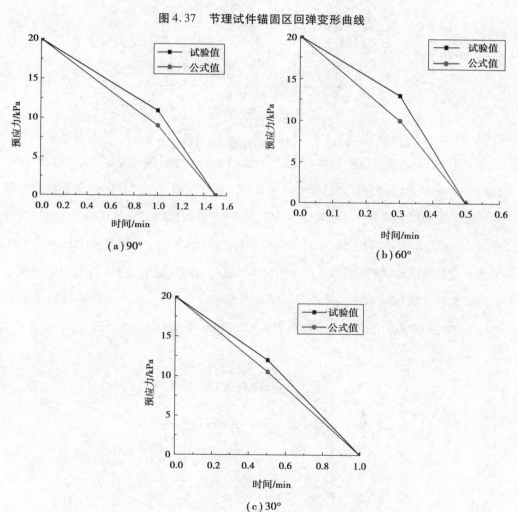

图 4.38　不同倾角节理试件锚杆预应力损失对比曲线

4.6.4　加锚节理岩体蠕变变形与锚杆预应力损失耦合效应规律研究

由图 4.39 可知,在节理倾角 30°,60°,90°的条件下,试件产生了瞬时变形阶段、初始蠕变阶段和稳态蠕变阶段。试件轴向蠕变量随节理倾角的减小先增加后减小,同时也意味着,试件轴向蠕变量随着节理与锚杆夹角的减小先增加后减小。3 种倾角节理加锚试件瞬时蠕变量为 0.7,0.79,0.6 mm。最终蠕变量为 0.85,1.05,0.95 mm。

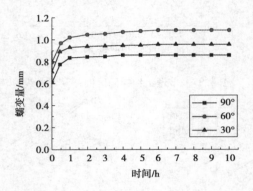

图 4.39　节理试件纵向蠕变曲线对比图

如图 4.40 所示,由于锚杆预应力的作用,瞬时变形发生时间延迟了 1,0.6,1.5 min。试件均产生了瞬时变形阶段、初始蠕变阶段和稳态蠕变阶段。试件横向蠕变量随着节理倾角的减小先增加后减小,与此相对应的是,试件横向蠕变量随着节理与锚杆夹角的增加先增加后减小。随着锚杆与节理的夹角倾向 90°,初始蠕变阶段占整体变形量比重随之减小。各角度间的横向蠕变量差值增幅率相比纵向蠕变曲线大幅度增加。说明减小锚杆与节理面夹角能有效抑制节理试件变形。随着节理倾角的增加,加锚试件瞬时蠕变量为 0.077,0.096,0.07 mm,最终蠕变量为 0.224,0.232,0.141 mm。

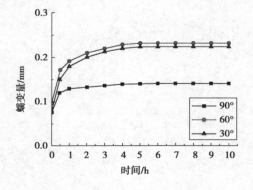

图 4.40　节理试件横向蠕变曲线对比图

由图 4.41 可知,锚杆预应力在轴向压缩荷载作用下,损失规律由 20 kPa 递减为 0

kPa。随着节理倾角的增加,预应力损失呈非线性递减,其损失速率先减小后增加。锚杆预应力损失时间为 1,0.6,1.5 min。

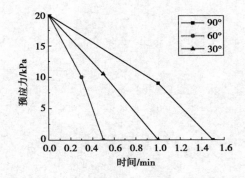

图 4.41　节理试件锚杆预应力损失曲线对比图

✷ 5.1　概　述

地质构造的长时间运动以及自然界的长久腐蚀与剥削使岩体存在着各种缺陷,如裂隙、节理、断层等。其既有缺陷直接导致岩体的力学性能发生变化,进而导致其工程地质特性随之发生不同程度的改变。本章通过对加锚节理试件进行宏细观剪切蠕变实验,进一步研究节理试件锚固力学特性。

✷ 5.2　节理倾角不变条件下加锚节理岩体宏细观剪切蠕变特性及本构模型研究

5.2.1　试验设计

试验选取相似材料模拟岩石属性,通过对不同配合比下的试件进行单轴压缩试验,选择配合比为水泥∶河沙∶水 = 1∶1.5∶0.4 制作试件,其抗压强度为 20 MPa;锚杆材料选用 Q235 型光圆钢筋,直径为 8 mm,长度为 100 mm,屈服强度为 235 MPa。模型整体为边长 100 mm 的正方体试件,节理部分采用水泥砂浆浇筑成 100 mm × 100 mm × 5 mm 的长方体,其中节理厚度为 5 mm,试验过程中保证节理形状、尺寸、材料配比一致,节理试件实物示意图如图 5.1 所示。本次试验锚杆锚固方式为全长式锚固,将锚固节理试件作为一个完整体进行实验,实验结果只针对本条件的试件得出。

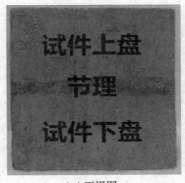
（a）正视图

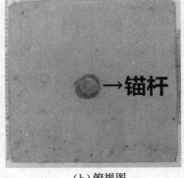
（b）俯视图

图 5.1　节理试件实物示意图

5.2.2　试验加载方案

　　本次试验加载系统采用辽宁工程技术大学土木工程试验中心的 TAW-2000 三轴试验仪的剪切装置,如图 5.2 中的标记所示,将剪切装置推到仪器正下方,通过计算机控制施加不同法向应力,并推动剪切上盘进行试件的剪切蠕变试验。由于分级加载方法可以在同一试件上观测不同应力水平的变形规律,大大节省了试验研究所需的试件和试验仪器的数量,同时还可避免

图 5.2　节理岩体试件剪切装置

因试件性质不均匀性导致的试验数据的离散性等,因此试验采用分级加载的方式,将试验分级划分为 6 级加载,分级为试件抗压强度的 15%,30%,45%,60%,75%,90%,即试件初始剪切应力与应力增量均为 3 MPa。

　　试件安装完毕后,对试件施加轴向荷载,待法向应力稳定后,从低到高逐级施加水平剪切应力,待每级施加后,立即测量、读取瞬时位移,然后按 5,10,20,40 min;1,2,4,8,12 h 时间间隔读取衰减和稳态阶段剪切蠕变值,此后每隔 12 h 读取一次,试验每级荷载维持 5 d 左右,试件剪切蠕变变形稳定的条件为蠕变速率增量 $\leqslant 5 \times 10^{-4}$ mm/d,对于加速蠕变阶段,考虑蠕变变形较大、蠕变时间较快,每隔 5 min 读取一次数据,直至试件被破坏。对试件进行轴向荷载分别为 1,2,3 kN 下的剪切蠕变试验。

5.2.3　试验结果及分析

　　在试验结果中每组选取一个具有代表性的试件进行分析,通过对试验数据进行分析和整理,得到剪切蠕变试验曲线,如图 5.3 所示。

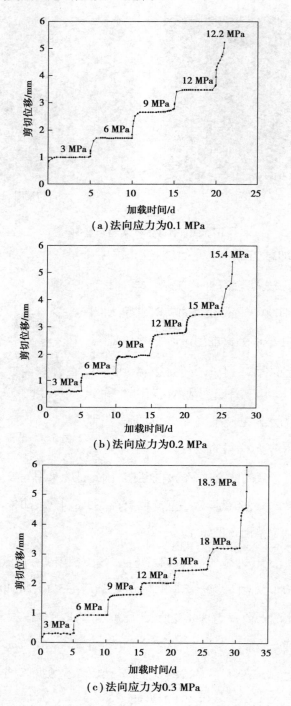

（a）法向应力为0.1 MPa

（b）法向应力为0.2 MPa

（c）法向应力为0.3 MPa

图 5.3　不同法向应力下剪切蠕变曲线

由图 5.3 可知,采用相似材料模拟节理岩体剪切蠕变试验曲线有如下特征:

①试件在剪切蠕变过程中,表现出典型的蠕变特征:衰减蠕变阶段,蠕变速率减小,如图 5.3(a)中第一级水平剪切荷载施加后 0~0.7 d 时间内的蠕变阶段;稳态蠕变阶段,蠕变速率大致保持恒定并近似为 0,如图 5.3(a)中第二级水平剪切荷载施加后 6~10 d 时间内的蠕变阶段;亚稳态蠕变阶段,蠕变速率近似恒定且大于 0,如图 5.3(b)中第五级水平剪切荷载施加后 21~25 d 时间内的蠕变阶段;加速蠕变阶段,蠕变速率快速增加,如图 5.3(c)中第六级水平剪切荷载施加后 30~32 d 时间内的蠕变阶段。

②通过对不同法向应力下试件的瞬时蠕变变形和衰减蠕变时间进行统计分析,由图 5.4 可知,随着法向应力的增加,瞬时蠕变变形量呈现出逐渐递减的变化趋势,当法向应力由 0.1 MPa 变化到 0.3 MPa 时,瞬时蠕变变形下降了约 75%。其原因为:当法向应力增大时,试件抵抗剪切变形的能力就越强,说明正应力的增加提高了试件的延性特性;而衰减蠕变时间与法向应力出现同步变化的趋势,随着法向应力的增加而延长,当法向应力由 0.1 MPa 变化到 0.3 MPa 时,衰减蠕变时间增加约 50%,究其原因:随着法向应力的增大,试件抵抗蠕变变形的能力随之提高,从而导致衰减蠕变变形的时间延长。

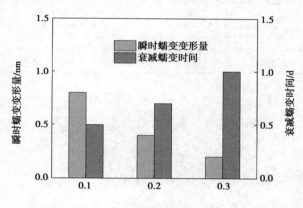

图 5.4 蠕变时间柱状图

③为了描述剪切蠕变过程中的稳态蠕变阶段,不同法向应力下稳态蠕变时间和试件破坏时间统计,见表 5.1。

表 5.1 试件时间统计表

法向应力/MPa	稳态蠕变时间 t_1/d	试件破坏时间 t_2/d	$M = \dfrac{t_1}{t_2}$/%
0.1	19.08	22.54	84.650
0.2	22.42	26.57	84.381
0.3	25.99	30.94	84.001

由表 5.1 可知,随着法向应力的增加,试件的稳态蠕变时间和试件破坏时间均呈现出
上升的趋势,说明法向应力的增加,提高了试件的延性特性,延缓了试件的破坏时间;表中
M 为稳态蠕变时间与试件破坏时间的比值,设为时间因数,从表 5.1 中可以看出,时间因
数 M 均大于 84%,说明稳态蠕变时间在整个试件破坏过程中占比较大;同时,时间因数 M
不随法向应力等外力的增加而变化,近似为恒定值,则可认为在各级剪切应力为试件强度
6 等分级下,即各级增量为试件强度 15% 下进行分级,时间因数 M 为剪切蠕变过程中试件
的固有属性。

为了更好地研究时间因数 M,通过参考相关资料[72-74]对不同试件的时间因数 M 和孔
隙体积分数 f 进行统计,见表 5.2。

表 5.2　不同试件的时间因数 M 统计表

试　件	抗压强度/MPa	M/%	f/%
大理岩	210	96.13	0.321 2
辉绿岩	197	94.51	0.309 9
千枚岩	86	91.26	0.305 1
砂岩	62	87.44	0.291 2
泥岩	15	82.67	0.280 4

f 表示试件到达加速阶段时孔隙体积分数增量,其计算式为

$$f = f_b - f_a \tag{5.1}$$

式中　f_b——试件在加速阶段开始时孔隙体积分数;

f_a——试件初始孔隙体积分数。

由于试件初始孔隙体积分数 f_a 较小,近似为 0,则取 $f = f_b$ 进行简便计算。

由表 5.2 可知,不同岩性的试件具有不同的时间因数 M,从而也表明时间因数 M 为试
件的特性,并且时间因数 M 随试件抗压强度的提高而呈现出增加的趋势,当试件的抗压强
度由 210 MPa 下降到 15 MPa,降幅近 93%,而相对应的时间因数 M 下降幅度则相对较小,
仅为 14%,由此说明,相对于试件抗压强度的变化幅度,时间因数 M 则相对固定,变化范
围较小,更具稳定性。

将不同时间因数 M 下的孔隙体积分数 f 的变化结果绘制成如图 5.5 所示,由图可知,
曲线呈近似线性变化,说明对于给定的时间因数 M,有唯一确定的孔隙体积分数与之对

应,可根据剪切蠕变曲线确定时间因数 *M* 的取值,从而利用线性关系找出对应的孔隙体积分数*f*,则可实现对节理试件塑性剪切破碎带中孔隙或裂隙的定量表征。

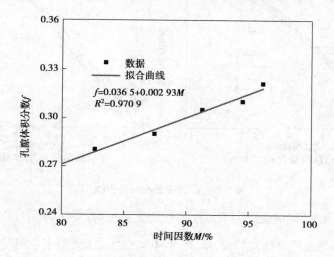

图 5.5 孔隙体积分数随时间因数的变化曲线

5.2.4 剪切蠕变特性分析

1)长期强度

为求解试件的长期强度,通过对图 5.3 采用 Boltzmann 叠加原理,以每级相同时间间隔为参数,绘制不同法向应力下剪切应力-位移的等时曲线簇,其中,0 d 为每级剪切应力施加时的相对起始时间,如图 5.6 所示。

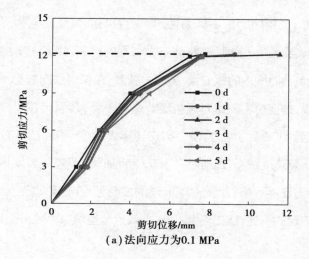

(a)法向应力为0.1 MPa

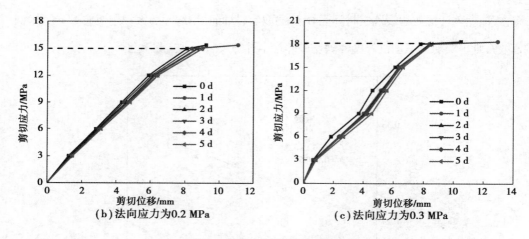

（b）法向应力为0.2 MPa　　　　　（c）法向应力为0.3 MPa

图5.6　剪切蠕变等时簇曲线

由图5.6可知,不同法向应力下试件的长期强度不同,当法向应力分别为0.1,0.2,0.3 MPa时,其长期强度分别为12.2,15,18.1 MPa,曲线在长期强度之前近似为线性变化,随着剪切应力的增加,剪切位移逐渐变大,试件节理经历了由闭合到扩展的过程;而当剪切应力大于长期强度后,曲线近似呈现水平状态,其原因是随着剪切应力水平的增大,试件抵抗变形的能力降低,当超过剪切强度时,试件已经发生破坏,试件失去抵抗剪切的能力,从而出现当剪切应力恒定时,剪切位移随时间而变化的现象。

2）剪切速率

为了更好地研究剪切蠕变全程,以0.1 MPa法向应力为例,绘制剪切速率随时间变化的曲线,如图5.7所示,由图可知,不同剪切速率随着时间呈现先急剧下降而后逐渐接近于某一定值的趋势,当时间一定时,随着剪应力水平的提高,蠕变速率增加,由分析可知,蠕变速率描述的是单位时间内的蠕变量,剪应力越大,在相同法向应力下的剪切位移就越大;在衰减蠕变阶段,蠕变速率随着时间呈现断崖式下降,其原因在于,在剪切蠕变初期,由于试件具有抵抗剪切破坏的能力,使得剪切速率大幅度下降;在稳态或亚稳态蠕变阶段,蠕变速率曲线下降速度减慢,逐渐趋向于0,在此阶段,节理逐渐发育、扩展,由于试件抵抗剪切破坏的能力逐渐下降,使试件中节理的发育速度降低,直至为0;在加速蠕变阶段,试件发生新生节理的贯通,蠕变速率上升,曲线近似呈现"U"形。

3）剪切模量

为了定量描述剪切模量随着时间的变化,以法向应力0.3 MPa为例, 取各相对时刻下不同剪应力水平和与之对应的应变来进行线性回归,拟合出直线的斜率即为对应的剪切模量,整理出各时刻对应的剪切模量绘制拟合曲线如图5.8所示。

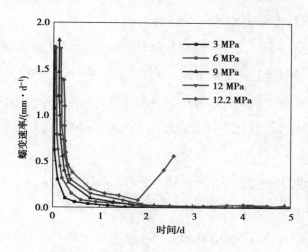

图5.7 蠕变速率-时间曲线

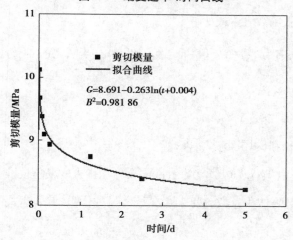

$G=8.691-0.263\ln(t+0.004)$
$B^2=0.981\ 86$

图5.8 剪切模量-时间关系曲线

由图5.8可知,剪切模量随着时间的推移逐渐变小,且减小的速率也越来越小,逐渐趋于恒定,采用对数函数对其进行拟合,其拟合系数R^2为0.981 86,说明拟合效果较好,能够用对数函数描述剪切模量随时间的变化关系。

5.2.5 本构模型

1)GTN

深部节理岩体的破坏主要是围绕塑性剪切破碎带进行的,但现有元件及组合对于节理岩体的非线性破坏阶段不能较好地描述,而确定岩石进入加速阶段的临界剪切强度对于岩石的破坏来说至关重要。因此,如何引入元件来描述加速阶段及岩石塑性区变化就成了重点,本节通过引入复合材料中 GTN 元件模型,与西原体串联来描述岩石剪切破坏的全过程。采用 GTN 模型的原因如下:

①GTN 模型始于金属材料,用来描述金属材料因内部出现孔隙扩展、汇聚而引起材料韧性变形的现象。而韧性变形是指物体发生明显的应变(大于 5%)才发生破裂的变形。可用韧性变形表述岩石的流动变形现象,其具体变形机制包括碎裂流动、塑性流动和滑移流动等[75],由图 5.3 可知,试件变形为 5.22,5.4,5.8 mm,平均应变为 5.47%,大于韧性变形的起始值。

②GTN 模型能较好地描述金属材料塑性变形,可以用来描述金属材料锚杆与岩石在剪切蠕变全程中的耦合作用。

③GTN 模型属于各向异性的本构模型,与岩石性质一致。

综上所述,可通过引入 GTN 模型对岩石剪切蠕变进行描述[76]。

GTN 模型的屈服函数表达式如下[77-78]:

$$\Phi(q,p,\sigma_{\mathrm{m}},f^*) = \left(\frac{q}{\sigma_{\mathrm{m}}}\right)^2 + 2q_1 f^* \cosh\left(\frac{3q_2 p}{2\sigma_{\mathrm{m}}}\right) - (1 + q_3 f^{*2}) \tag{5.2}$$

式中　p——静水应力,Pa;

　　　q——von Mises 等效应力,Pa;

　　　σ_{m}——基体材料的屈服应力,Pa;

　　　q_1,q_2,q_3——由 Tvergaard[78] 考虑孔隙聚合作用引入的模型校准参数;

　　　f^*——有效孔隙体积分数,是孔隙体积分数 f 的函数,其表达式为

$$f^*(f) = \begin{cases} f & (f_0 < f \leqslant f_{\mathrm{c}}) \\ f_{\mathrm{c}} + k(f - f_{\mathrm{c}}) & (f_{\mathrm{c}} < f \leqslant f_{\mathrm{F}}) \\ f^* & (f > f_{\mathrm{F}}) \end{cases} \tag{5.3}$$

式中　k——孔隙长大加速因子,$k = \dfrac{\dfrac{1}{q_1} - f_{\mathrm{c}}}{f_{\mathrm{F}} - f_{\mathrm{c}}}$;

　　　f_0——初始孔隙体积分数;

　　　f_{c}——孔隙开始发生聚合(贯通)时的临界孔隙体积分数;

　　　f_{F}——材料出现宏观裂纹时的孔隙体积分数。

由于考虑本次采用的 GTN 模型是用来描述岩石剪切蠕变的稳态阶段后期和加速阶段,即从节理开始发育、贯通到试件出现宏观断裂,即到试件发生破坏阶段。所以,本节选

取有效孔隙体积分数为

$$f^*(f) = \begin{cases} f & (f_0 < f \leqslant f_c) \\ f_c + k(f - f_c) & (f_c < f \leqslant f_F) \end{cases} \tag{5.4}$$

2)改进西原体

(1)GNT 屈服函数

$$\Phi \begin{cases} \left(\dfrac{q}{\sigma_m}\right)^2 + 2q_1[f_c + k(f - f_c)]\cosh\left(\dfrac{3q_2 p}{2\sigma_m}\right) - (1 + q_3 f) & (f_0 < f \leqslant f_c) \\ \left(\dfrac{q}{\sigma_m}\right)^2 + 2q_1[f_c + k(f - f_c)]\cosh\left(\dfrac{3q_2 p}{2\sigma_m}\right) - \{1 + q_3[f_c + k(f - f_c)]^2\} & (f_c \leqslant f \leqslant f_F) \end{cases} \tag{5.5}$$

(2)改进的西原体

将传统西原模型[79-81]与 GTN 模型进行串联得到复合流变模型,如图5.9 所示。

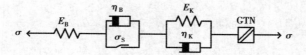

图5.9　复合流变模型

模型总应变为

$$\varepsilon = \varepsilon_B + \varepsilon_K + \varepsilon_{GTN} \tag{5.6}$$

将式(5.2)至式(5.5)进行积分求解后代入式(5.6),可得描述含有一定厚度填充物下加锚节理岩体复合流变模型的蠕变方程:

$$\varepsilon(t) = \begin{cases} \dfrac{\sigma}{E_B} + \dfrac{\sigma}{E_K}\left(1 - e^{-\frac{E_K}{\eta_K}t}\right) + f & (f \leqslant f_c) \quad\quad\text{(a)} \\[2mm] \dfrac{\sigma}{E_B} + \dfrac{\sigma}{E_K}\left(1 - e^{-\frac{E_K}{\eta_K}t}\right) + \left(\dfrac{q}{\sigma_m}\right)^2 + 2q_1[f_c + k(f - f_c)]\cosh\left(\dfrac{3q_2 p}{2\sigma_m}\right) - \\ \{1 + q_3[f_c + k(f - f_c)]^2\} \quad (f_c < f \leqslant f_F, \sigma_0 \leqslant \sigma_s) \quad\quad\text{(b)} \\[2mm] \dfrac{\sigma}{E_B} + \dfrac{\sigma}{E_K}\left(1 - e^{-\frac{E_K}{\eta_K}t}\right) + \dfrac{\sigma - \sigma_s}{\eta_B}t + \left(\dfrac{q}{\sigma_m}\right)^2 + 2q_1[f_c + k(f - f_c)]\cosh\left(\dfrac{3q_2 p}{2\sigma_m}\right) - \\ \{1 + q_3[f_c + k(f - f_c)]^2\} \quad (f_c < f \leqslant f_F, \sigma_0 > \sigma_s) \quad\quad\text{(c)} \end{cases}$$

$$\tag{5.7}$$

式中　E_B, E_K——B 体和 K 体的弹性模量,Pa;

η_B,η_K——B 体和 K 体的黏滞系数,Pa·s;

σ_s——模型的长期强度,Pa。

当引入 GTN 后,岩体剪切蠕变本构方程演化为式(5.7-c),该式描述环境为试件应力大于长期强度且孔洞处于聚合与破坏之间时,即试件处于加速阶段;当试件应力小于长期强度但孔洞仍处于聚合与破坏之间时,式(5.7-c)退化为式(5.7-b),即试件处于稳态或亚稳态阶段;当试件孔洞小于聚合时,式(5.7-b)退化为式(5.7-a),即试件处在衰减阶段,试件稳定无新裂隙产生。所以,式(5.7)为岩石复合流变模型的蠕变方程,不仅可以描述岩体的弹黏性阶段,而且由于引入 GTN 模型,使该模型能够描述加锚节理岩体的加速蠕变变形。

5.2.6　参数识别

GTN 模型中需要确定 9 个参数,可将其分为以下 3 类[77]:

①q_1,q_2,q_3 为孔隙间相互作用参数,对于金属材料来说,考虑孔隙周围非均匀应力场和相邻孔隙之间的相互作用,取 $q_1 = 1.5$, $q_2 = 1.0$, $q_3 = 2.25$。

②f_0,s_n,ε_n 和 f_n 是材料孔隙体积分数参数,其中 f_0 是初始孔隙体积分数;s_n 为表征孔隙体积分数的离散程度,一般取 0.1;ε_n 为塑性应变水平,一般取 0.3;f_n 为控制损伤的演化率。

③f_c 和 f_F 为韧性断裂参数,其中,f_c 为控制累计孔隙体积分数的增长,f_F 为控制材料的断裂,其中部分已知参数见表 5.3。

表 5.3　GTN 模型适用参数

参　数	q_1	q_2	q_3	s_n	ε_n
数　值	1.5	1.0	2.25	0.1	0.3

1)GTN 屈服函数参数识别

(1)静水应力 p

$$p = \frac{\sigma_{ij}}{3}, \sigma_{ij} = \frac{\sigma_{11} + \sigma_{22} + \sigma_{33}}{3} \tag{5.8}$$

式中　σ_{ij}——材料应力,代入得 p 为 0.1 MPa。

（2）von Mises 等效应力 q

$$q = \sqrt{\frac{3s_{ij}s_{ij}}{2}}, s_{ij} = \frac{\sigma_{ij} - 1}{3\sigma_{ij}\delta_{ij}} \tag{5.9}$$

式中　s_{ij}——柯西应力的偏应力分量，Pa；

　　　δ_{ij}——克罗内克记号，代入上式得等效应力为 10.5 MPa。

（3）基体材料的屈服应力 σ_{m}

为求解 GTN 模型参数，取法向应力 0.3 MPa 作用下，剪切应力为 18.3 MPa 时的剪切蠕变试验结果绘制，如图 5.10 所示，等效应力采用 Swift[82] 强化模型对剪切试验曲线初期阶段进行拟合求解，其计算式为

$$\sigma_{\mathrm{m}} = k(\varepsilon_0 + \varepsilon)^n \tag{5.10}$$

式中　k, ε_0——材料参数；

　　　n——硬化指数。

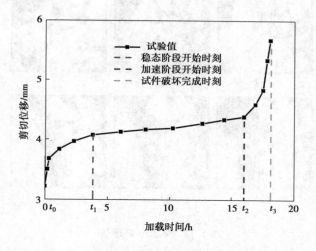

图 5.10　剪切蠕变曲线

通过对图 5.10 中 $(t_0 - t_1)$ 时刻剪切蠕变曲线初期阶段进行拟合，拟合得到 $k = 52.79$，$\varepsilon_0 = 0.198$，$n = 0.36$，将参数代入式（5.10）得

$$\sigma_{\mathrm{m}} = 52.79 \times (0.198 + \varepsilon)^{0.36} \tag{5.11}$$

取 t_1 时刻的应变代入式（5.11）得到基体材料的屈服应力为 0.229 MPa。

2）孔隙体积分数求解

孔隙体积分数表示均质或非均质材料内部微孔隙的体积占材料总体积的百分比，是一种外力加载下材料损伤的具体形式。以求解 f_{F} 为例，说明不同孔隙体积分数的求解

步骤：

①确定各孔隙体积分数对应的试件的剪切蠕变状态，如 f_F 试件在加速阶段开始时的孔隙体积分数。

②对确定好蠕变状态的试件进行 CT 扫描，每个图层间隔为 100 μm，塑性剪切破碎带约为 2 cm，共有扫描图层 200 个。

③利用 Matlab 图像处理软件对 CT 图进行二值化处理，通过调节阈值，找到节理剪切破碎带不同位置的清晰图像，如图 5.11 所示。

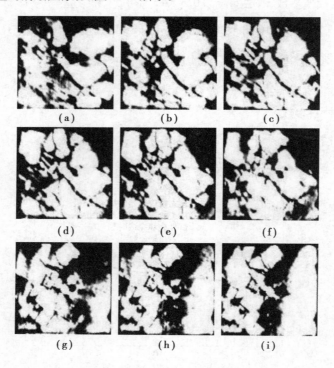

图 5.11　Matlab 处理图

④将处理后的图像导入三维重构软件，基于商业三维重构软件 Mimics 和开源软件 Image J 对图片中的裂隙进行了标记、分割和三维特征参数的测量，图 5.12 为试件塑性剪切破碎带的三维重构图，其中，黄色部分为裂隙或孔隙，绿色部分为试件，通过测算得到的孔隙体积分数，可作为宏观破坏时的孔隙体积分数 f_F。

通过上述步骤对试件的不同阶段进行处理，利用对时间因数 M 的不同取值，得到不同孔隙体积分数，见表 5.4。

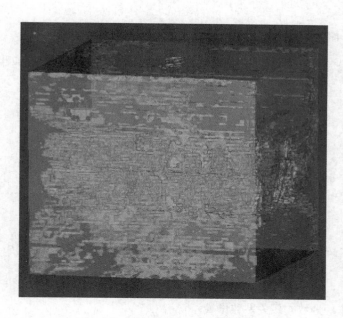

图 5.12 三维 Mimics 重构图

表 5.4 不同孔隙体积分数

孔隙体积分数	f_0	f_c	f_F	f_n
数 值	0.001	0.1	0.12	0.04

3)试验参数识别

(1)元件参数求解

利用试件剪切蠕变破坏阶段的应变-时间曲线,根据以下步骤可求得式(5.7)中的相关元件参数,见表5.5。

①确定 E_B,由式[5.7(a)]可知,当 $t=0$ 时,$\varepsilon(0)=\sigma(0)/E_B$,而 $\sigma(0)=0.3$ MPa,$\varepsilon(0)$ 可由试件剪切流变试验曲线得到,可得 $E_B=\sigma(0)/\varepsilon(0)$。

②确定 σ_s,由图[5.7(c)]可知,0.3 MPa 法向应力下对应的试件剪切蠕变的长期强度为 18.1 MPa。

模型试验参数识别,见表5.5。

表 5.5 模型试验参数识别

参 数	E_B/Pa	E_K/Pa	η_B/Pa·h	η_K/Pa·h	σ_s/MPa
数 值	2.81×10^6	0.021	0.001	0.02	18.1

（2）有效孔隙体积分数的系数求解

由于加速段为非线性变化，且幂指函数的自身特点也更加符合加速蠕变的规律，所以令

$$f = f(t) = ae^{\left(\frac{t}{b}\right)} + c \tag{5.12}$$

将式（5.12）代入式[5.7（c）]中，得

$$\varepsilon(t) = \frac{\sigma}{E_B} + \frac{\sigma}{E_K}\left(1 - e^{-\frac{E_K}{\eta_K}t}\right) + \frac{\sigma - \sigma_s}{\eta_B}t + \left(\frac{q}{\sigma_m}\right)^2 + 2q_1\left[f_c + k\left(ae^{\left(\frac{t}{b}\right)} + c - f_c\right)\right]\cosh\left(\frac{3q_2p}{2\sigma_m}\right) -$$

$$\{1 + q_3[f_c + k(ae^{\left(\frac{t}{b}\right)} + c - f_c)]^2\} \tag{5.13}$$

将表5.5中的系数代入式（5.13），利用数学优化软件1stOpt，基于准牛顿法和通用全局优化法对图5.10中$t_2 - t_3$时间段的试验值进行参数识别，可求E_K，η_B，η_K的值见表5.5，得到有效孔隙体积分数的相关系数见表5.6。

表5.6　有效孔隙体积分数的系数

系　数	a	b	c
数　值	24.1	1.46	2.13

4）拟合结果分析

利用传统西原模型和复合流变模型分别拟合不同法向应力下试件剪切蠕变过程曲线，结果如图5.13所示，并对两种模型不同时刻曲线的拟合系数进行对比，见表5.7。

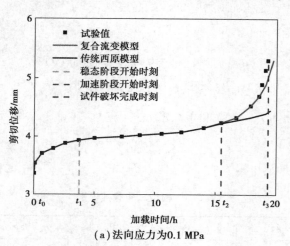

（a）法向应力为0.1 MPa

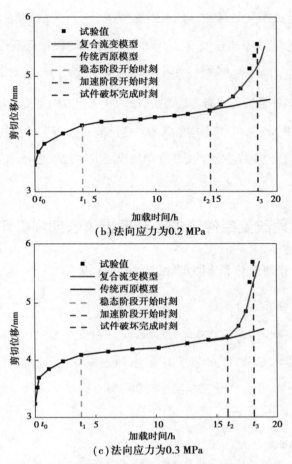

（b）法向应力为0.2 MPa

（c）法向应力为0.3 MPa

图 5.13　蠕变模型数值拟合结果与试验结果对比

表 5.7　模型不同阶段拟合系数表

法向应力/MPa	蠕变模型	R_1^2	R_2^2	R_3^2
0.1	传统西原模型	1.0	1.0	0.623 82
	复合流变模型	1.0	1.0	0.962 74
0.2	传统西原模型	1.0	1.0	0.611 94
	复合流变模型	1.0	1.0	0.951 36
0.3	传统西原模型	1.0	1.0	0.646 54
	复合流变模型	1.0	1.0	0.954 82

　　由图 5.13 可知,传统西原模型与复合流变模型均能够较好地描述试件剪切流变的衰减、稳态阶段,但在试件加速流变阶段,传统西原体模型依然近似保持稳态阶段的剪切速率不变,而实际情况是剪切速率呈现指数增长,与实际不符,而复合流变模型在加速蠕变

阶段则能够较好地匹配其剪切速率。为了更加准确地分析两种模型,制作其在不同法向应力下各阶段的拟合系数表,见表5.7,其中 R_1^2 表示衰减阶段拟合系数、R_2^2 表示稳态阶段拟合系数、R_3^2 表示加速阶段拟合系数,从表中可知,两种模型 R_1^2 和 R_2^2 都相等且为1,这说明两种模型均能够较好地描述衰减与稳态阶段;不同法向应力下复合流变模型的 R_3^2 均在0.95以上,而传统西原模型 R_3^2 的平均值仅为对应阶段复合流变模型的64%,这说明相较于传统西原模型,复合流变模型能够更加准确地描述试件在加速阶段的各个状态。

✳ 5.3 　节理倾角改变条件下加锚节理岩体宏细观剪切蠕变特性研究

5.3.1 　加锚节理岩体常规力学试验特性分析

1)单轴压缩试验系统

单轴压缩试验是利用 TAW-2000 电液伺服岩石三轴试验机进行的试验,试验地点是在辽宁工程技术大学土木工程学院的岩土实验室,试验设备的示意图如图5.14所示,试验设备的实物图如图5.15所示。此试验系统的功能特点有多种控制变换模式,在每种变换模式下,都可进行一种实验。

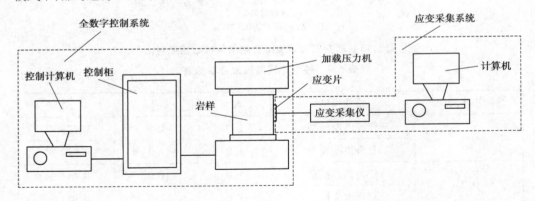

图 5.14　单轴试验系统原理图

TAW-2000 试验机通过微机控制电液伺服阀加压与手动液压加载,实现全自动控制,主机的放置与控制柜分离,试验机利用传感器进行测力,主机负责采集数据,绘制各类试验曲线,试验结果可靠度高。试验机参数见表5.8。

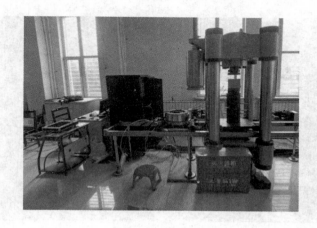

图 5.15　试验设备图

表 5.8　设备技术性能指标

编　号	参　　数	取　值
1	试验机的整体刚度	>10 GN/m
2	轴向最大荷载	2 000 kN
3	有效测力范围	40 ~ 2 000 kN
4	测量力大小分辨率	20 N
5	测力精确程度	±1%
6	施加围压最大值	100 MPa
7	围压精确度控制	±2%
8	试件尺寸	$\phi 50 \times 100$ mm

2)单轴剪切蠕变试验系统

如图 5.16 所示,使用自制的试件托架,在原有的三轴压缩试验机的基础上,在托架的一侧插入试件,要求将预制节理面与托架插入一侧的边框内侧在竖直方向处于同一平面,从而进行剪切蠕变试验。单轴剪切蠕变试验系统如图 5.17 所示。

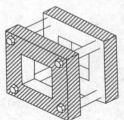

图 5.16　试件托架

图 5.17　单轴剪切蠕变试验系统

(1)试件的制备

采用原岩试件很难控制试件中的节理分布以及节理形状和节理大小,因此,基于前人的研究[21,83],结合材料相似性原理,满足模型材料与原材料的物理相似性原理和几何相似性原理,利用相似材料制作节理岩体,并进行试验。

在保证材料一致性的前提下,使用 42.5 标号的普通硅酸盐水泥,细骨材料使用天然河沙,采用水泥:砂:水为1:1:0.45 比例的模拟相似材料制作了不同倾角的节理试件,试件为边长 100 mm 的立方体试件,在加锚节理试件制作中,锚杆选用直径为 8 mm,长为 110 mm 的 HPB300 型圆光钢筋模拟,其屈服强度为 300 MPa,采用全长式锚固的锚固方式。

试件成形后,立即用防水塑料薄膜覆盖试件表面。成形后的试件需在 15~25 ℃的温度条件下静置48 h,然后对试件进行编号,取出模具。脱模后,立即将试件置于相对湿度大于95%、温度为 18~22 ℃的标准养护室内养护。试件应放置在标准养护室内的支架上,间距为 10~20 mm。试件表面应保持湿润,但不得直接用水冲洗。经过 28 天的标准维护,方可进行后续试验。

(2)试件节理角度的预制

本节主要针对全贯通节理试件的相关性质进行研究,因此制备大量贯通节理试件是十分必要的,如何精确地预制节理角度,是本次试验研究的重点,本次试验在对节理预制上使用的方式是上下分离式,分别制作含有节理试件部分,然后将两部分沿着节理面拼接起来。如图 5.18 所示,此次试验预制节理倾角分别为 0°,30°,45°,60°的节理试件。

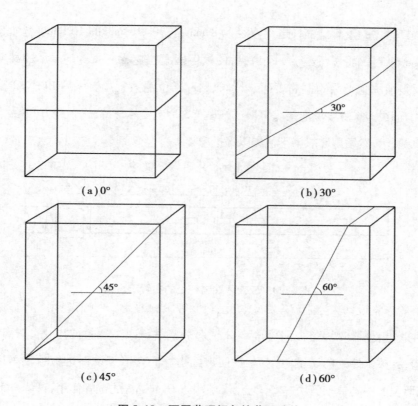

(a) 0°　　　　　　　　　　　　(b) 30°

(c) 45°　　　　　　　　　　　　(d) 60°

图 5.18　不同节理倾角的节理试件

①制备试件。如图 5.19 所示,使用模具制备边长为 100 mm 的立方体试件,其中的若干试件要进行不同节理倾角节理的预制。

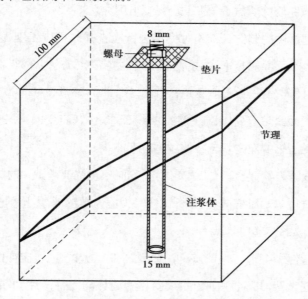

图 5.19　加锚节理岩件简图

②锚杆轴力的量测。锚杆选用直径为 8 mm，长为 110 mm 的 HPB300 型光圆钢筋制作。用细砂纸对钢筋表面进行交叉打磨，使试件表面粗糙、细小、均匀。用较高纯度的无水乙醇反复清洗抛光后的钢筋表面，以确保贴片部位清洁干燥。采用 BFH120-3AA 型电阻应变片，通过 1/4 桥接法连接。每根锚杆设置 5 片应变片，沿锚杆轴线方向粘贴应变片，如图 5.20 所示，然后用环氧树脂包裹以保护应变片。

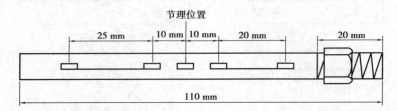

图 5.20 应变片在锚杆上的布置示意图

③实验方案设计。控制节理面的长度、宽度等影响因素，研究节理倾角不同的加锚节理试件在长期受剪情况下的力学特性。本试验分别进行以下试验：对完整试件进行单轴压缩试验，完整试件的剪切试验，对无任何加固措施的含节理试件进行单轴剪切蠕变试验，加锚节理试件的单轴剪切蠕变试验，通过对比，研究锚杆的锚固作用，具体方案如下：

a. 制作完整无节理的试件，进行常规的单轴试验，测出试件的抗压强度、泊松比、弹性模量等基本参数。

b. 进行完整试件的剪切试验，测出试件的剪切强度。

c. 进行含节理试件的制作。首先对模具进行检查并作相应处理，以便满足试验的需要，在模具达到要求后，涂抹凡士林，接着在模具中浇筑相似模拟材料，在浇筑完成 1 d 后，将光滑杆体撤掉，插入锚杆，放置应变片，进行注浆，养护 28 d。

d. 在试件的表面紧贴应变片，同时完成接线工作，作好应变采集仪的连接。测出含加锚节理试件在单轴压缩的应力状态下的应力应变曲线。

e. 按照实验设计方案，进行剪切蠕变试验，绘制出加锚节理试件的剪切蠕变曲线。

对完整试件进行单轴压缩试验，分析试件的相关力学参数，得出数据并整理绘制试件的应力-应变曲线，如图 5.21 所示。

试件的强度特性和变形特性能够通过单轴压缩试验的应力-应变曲线反映出来。含有节理倾角的节理试件，其应力-应变曲线变化的趋势与完整试件的曲线相似，但无论节理倾角如何改变，含有节理倾角的试件其力学参数均弱于完整试件。完整试件的单轴抗压强度为 13.09 MPa，弹性模量为 1.12 GPa，其破坏形式为典型的脆性岩石的表现：轴向劈裂破坏。试件的整个试验过程中可大体分为 4 个阶段：

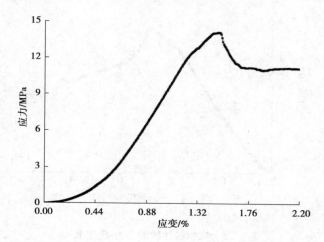

图 5.21　单轴压缩条件下完整试件的应力-应变曲线

第一阶段：初始压密阶段，在此阶段，应力-应变曲线呈现非线性增大的变化特征，曲线的斜率逐渐变大，这是因为在压力作用下，试件中的裂隙和孔隙逐渐闭合，试件被压密。

第二阶段：弹性变形阶段，在此阶段，应力-应变曲线表现出线性增大的趋势，岩体发生弹性变形。此时，由于仍有一些缺陷在试件内部存在，孔洞和裂隙周围不发生破坏，但随着荷载的增大，裂隙周围开始出现微裂隙，这时的曲线趋势呈现出非线性上升趋势。

第三阶段：塑性软化阶段，在此阶段，应力-应变曲线的变化速率逐渐变小，裂隙的周围沿着轴向应力的方向发生扩展，形成局部贯通破裂面，从而出现了应力跌落现象。

第四阶段：峰值后应力阶段，随着压力的不断施加，裂隙迅速扩展，产生宏观断裂面。在峰值后，应力-应变曲线应力快速地下降而应变的变化幅度较小。此时，裂隙迅速扩展，节理试件发生脆性破坏。

分析完整试件的剪切力学特性，对研究节理试件的剪切蠕变特性具有一定的指导意义。因此，利用自行制作的试件托架通过三轴压缩试验机对所制作的完整试件进行了剪切试验，得到了完整试件的剪应力-应变曲线，如图 5.22 所示。

由图 5.22 可以看出，完整试件的抗剪强度为 2.82 MPa，在整个剪切过程可分为以下 3 个阶段。

第一阶段：线弹性变形阶段，在此阶段可以看出，随着应变的增加，剪切应力的增长几乎呈线性趋势，节理面抵抗剪切作用主要依靠的是试件上下盘与水泥浆之间的化学胶结力，岩体产生的剪应变较小，而剪切应力上升的速率迅速增大。

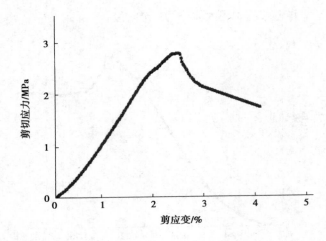

图 5.22　完整试件的剪应力-应变曲线

第二阶段:应力跌落阶段,随着应变的不断增加,在剪切应力达到峰值后,开始出现跌落现象,跌落现象的产生主要是因为剪切试验中施加的剪切应力超过了试件上下盘与水泥浆的"胶结强度"。

第三阶段:稳定阶段,在此阶段曲线斜率变化幅度逐渐平缓,且随着应变的增加,剪切应力平稳下降。节理面仅依靠摩擦力来抵抗剪切作用。

5.3.2　含不同角度的节理加锚岩体的单轴剪切蠕变试验

本节主要对节理试件进行单轴剪切蠕变试验,通过控制锚杆的有无进行对比,研究试件锚固前后的剪切蠕变力学特性,分析锚杆对节理试件的影响。

1)加载方式选择

分级加载和单级加载是节理试件剪切蠕变试验中常见的两种不同加载方式。

分级加载是指逐步施加不同的荷载在同一试件上,即施加下一级荷载的条件为:在当前等级荷载水平下,经过试验设定的蠕变时间或变形稳定。以此种方式逐步施加下一级荷载,直到试验结束。该方法可以在同一试件上获得更多的数据,克服了试件异质性引起的样品分散,缩短了试验的时间和周期。然而,该方法存在一些缺点,需要对蠕变曲线进行变换,使其易于使用。

单级加载是指从制作出一组理化性质相同的试件,确保相同的试验条件并在不同荷载水平下进行的蠕变试验,获得不同载荷水平下的蠕变数据。使用此方法得出的实验数据不会受到加载历史的影响,实验数据可以直接使用,同时试验结果具有很强的可靠性,此种加载试验是比较理想的一种试验方法。然而,在实际试验过程中,由于其离散性,很难制作出完全相同的试件。此外,在现有的试验条件下,难以满足多台相同的试验机同时进行长期蠕变试验。

考虑到试件的离散性和数量的有限性,故本节采用分级加载的试验方法。

2)试验步骤

以无锚试件说明试验步骤:试验采用单体分级加载方法。根据完整试件抗剪强度确定控制荷载的等级,轴压的加载速率为 500 N/s,初始荷载 0.5 MPa,加载的荷载每级增加 0.5 MPa,即 0.5,1.0,1.5,2.0,2.5 MPa,以此类推。在施加一级载荷后,立即测试瞬时位移,分别在 1,2,4,8,16,24 h 测试并记录剪切变形量,24 h 后每天定时测定一次,每级不少于 5 d,以此类推,直至试件被破坏。当每级控制荷载下试件剪切变形量位移差 ≤ 0.002 mm 时,认为变形稳定。

5.3.3 无锚杆锚固的节理岩体剪切蠕变力学特性

研究加锚节理岩体的剪切蠕变力学特性,首先必须要分析未加锚时,节理试件在剪切蠕变条件下的力学特征,然后将其与通过锚杆加固之后的节理岩体的剪切蠕变试验结果进行比较。

图 5.23 为倾角不同且无锚杆加固的节理试件的单轴剪切-蠕变曲线,从图中可以看出,不同节理倾角的无锚节理试件剪切蠕变强度曲线的趋势走向发展基本相似,都可划分成 4 个阶段,即瞬时变形阶段、衰减蠕变阶段、稳态蠕变阶段及剪切破坏阶段。

不同节理倾角的节理试件都是在荷载施加的瞬间,产生一个瞬时的剪切位移,之后依次进入衰减蠕变阶段和稳态蠕变阶段。在施加剪切力到达预定值之后,剪切应力保持不变,剪切位移随着时间的推移而不断地增大,但增加的速率不断减小,最后变形速率保持恒定且趋近于零。在施加最后一级剪切荷载的过程中,还没达到设定剪切荷载之前,节理试件便已经产生了较大的瞬时剪切滑动,试验结束。

不同节理倾角的节理试件在无锚加固情况下的单轴剪切-蠕变试验过程中未观察到加速蠕变阶段的存在,不同节理倾角的试件都是在下一级荷载加载的过程中,还未达到预定荷载时就发生了剪切破坏。分析此种情况发生的原因,可能是施加的剪应力达到了较高的应力区间,此时的剪切荷载与节理试件发生破坏的临界应力十分接近,容易发生突发性剪切失稳。

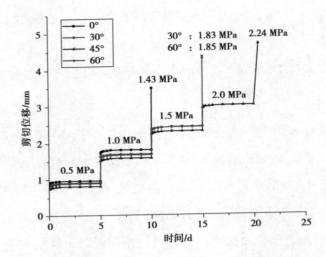

图 5.23   无锚节理试件单轴剪切-蠕变曲线

不同节理倾角的节理试件随应力水平的增大,其瞬时变形量均逐渐降低。例如,30°的试件荷载水平由 0.5 MPa 增至 1.0 MPa 时,瞬时变形量为 0.74 mm;由 1.0 MPa 增至 1.5 MPa 时,瞬时变形量为 0.66 mm,降低了 11%,这可能是因为试件的微小裂缝在压力的作用下逐渐闭合导致试件的完整性增加,增强了试件抵抗变形的能力。

在同一级荷载作用下,不同节理倾角的节理试件在稳态蠕变阶段的剪切位移存在差异,以荷载等级为 1.0 MPa 时为例,节理倾角为 0°时剪切位移最大,为 1.81 mm;节理倾角为 60°和 30°时的位移相近,分别为 1.67 mm 和 1.69 mm;节理倾角为 45°时剪切位移最小,为 1.58 mm。

节理倾角不同的节理试件在发生破坏时试件所能承受的剪切荷载差距较大,节理倾角为 45°时剪切强度最大为 2.24 MPa;节理倾角为 60°和 30°时的强度相近,分别为 1.85 MPa 和 1.83 MPa;强度最小的节理倾角为 0°,强度为 1.43 MPa,剪切破坏时的剪切强度随节理倾角的变化规律为:$\tau_{45°} > \tau_{60°} \approx \tau_{30°} > \tau_{0°}$。综合以上结果分析,不同节理倾角的节理试件的抗剪强度,随着倾角的增大,先增后减,在节理倾角为 45°时最大,节理倾角为 30°和 60°时相近,节理倾角为 0°时最小。

5.3.4   锚杆锚固后的节理岩体剪切蠕变力学特性

图 5.24 为加锚后的节理试件的剪切-蠕变曲线,曲线的走势与无锚杆加固时的试件大致相同,但加锚后的节理试件与无锚节理试件相比,在同一级荷载作用下稳态蠕变阶段的剪切位移以及发生剪切破坏时试件所能承受的剪切强度有较大的差距。

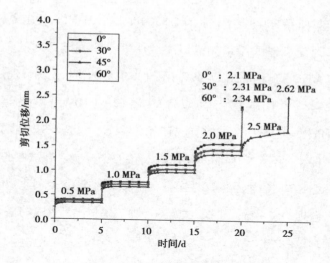

图 5.24　加锚节理试件单轴剪切-蠕变曲线

对比分析试验结果可以看出：

加锚节理试件的剪切-蠕变曲线与无锚节理试件的剪切-蠕变曲线相比，除了表现为试件的瞬时变形阶段、衰减蠕变阶段、稳态蠕变阶段之外，在 2.5 MPa 荷载下节理倾角为 45°的加锚节理试件蠕变速率逐渐增大，出现了加速蠕变阶段，说明锚固对节理试件的力学特性具有良好的改善作用。

试件发生剪切破坏所需的剪切强度有所提高，节理倾角为 45°时剪切强度最大为 2.62 MPa；倾角为 60°和 30°时的强度相近，分别为 2.34 MPa 和 2.31 MPa；最小的节理倾角为 0°的试件，强度为 2.1 MPa。

在同一级荷载作用下，0°、30°、45°、60°节理倾角的加锚试件在稳态蠕变阶段的剪切位移对比 0°、30°、45°、60°节理倾角的无锚试件在稳态蠕变阶段的剪切位移有所减小，以荷载等级为 1.0 MPa 时为例，节理倾角为 0°时剪切位移最大，为 0.77 mm；倾角为 60°和 30°时的位移相近，分别为 0.72 mm 和 0.71 mm；倾角为 45°时最小，为 0.67 mm。

5.3.5　有、无锚杆锚固的节理岩体剪切蠕变试验的对比分析

未加锚试件与加锚试件的剪切强度对比图，如图 5.25 所示。从图中能够分析得出：

①无论有无锚杆的加固，节理倾角为 45°的试件其剪切强度都是最高的，倾角为 0°的节理试件的剪切强度都是最低的，倾角为 30°和 60°的节理试件的剪切强度都比较接近，介于 0°～45°。

②节理倾角为 0°时，无锚节理试件和加锚节理试件发生瞬间破坏时的剪切强度分别为 1.43 MPa 和 2.1 MPa，强度提高了 46.85%；节理倾角为 30°时，无锚节理试件和加锚节

理试件发生瞬间破坏时的剪切强度分别为1.83 MPa和2.31 MPa,强度提高了26.23%;节理倾角为45°时,无锚节理试件和加锚节理试件发生瞬间破坏时的剪切强度分别为2.23 MPa和2.62 MPa,强度提高了17.49%;节理倾角为60°时,无锚节理试件和加锚节理试件发生瞬间破坏时的剪切强度分别为1.85 MPa和2.34 MPa,强度提高了26.49%。

③在节理倾角相同的条件下,与无锚节理试件相比,加锚节理试件剪切强度均有提高,锚杆提高了试件发生不稳定破坏的蠕变阈值,说明锚杆能提高试件的长期抗剪强度。倾角为0°的节理试件在加锚之后的剪切强度提高得最多,接近一半,此种情况说明了在不利的受力条件下,合理的应用锚固手段,试件的加固效果将得到更大的提升。由此可以看出,锚杆能提升节理试件的稳定性,也可提高试件的剪切强度。

为了研究无锚杆锚固、普通锚杆锚固节理试件的剪切蠕变变形特性。对试验数据分析,得到图5.26、图5.27。

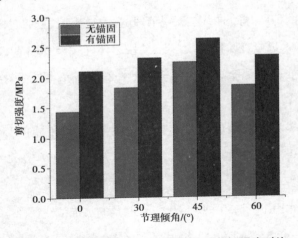

图5.25　有、无锚杆锚固的节理试件的剪切强度对比

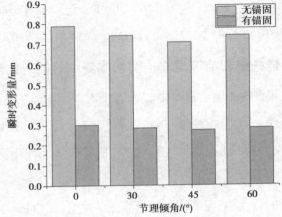

图5.26　有、无锚杆锚固的节理试件的平均瞬时变形量对比

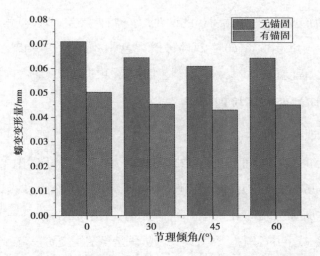

图 5.27　有、无锚杆锚固的节理试件的平均稳态蠕变变形量对比

通过对图 5.26 和图 5.27 进行分析,可以得出:

①当节理倾角为 0°时,未加锚试件的平均瞬时位移为 0.789 mm,加锚试件的平均瞬时位移为 0.299 mm,减少了 62.1%;当节理倾角为 30°时,未加锚试件的平均瞬时位移为 0.742 mm,加锚试件的平均瞬时位移为 0.283 mm,减少了 61.86%;当节理倾角为 45°时,未加锚试件的平均瞬时位移为 0.708 mm,加锚试件的平均瞬时位移为 0.272 mm,减少了 61.58%;当节理倾角为 60°时,未加锚试件的平均瞬时位移为 0.74 mm,加锚试件的平均瞬时位移为 0.282 mm,减少了 61.89%。

②当节理倾角为 0°时,未加锚试件的平均稳态蠕变位移为 0.071 mm,加锚试件的平均稳态蠕变位移为 0.05 mm,减少了 29.58%;当节理倾角为 30°时,未加锚试件的平均稳态蠕变位移为 0.065 mm,加锚试件的平均稳态蠕变位移为 0.045 mm,减少了 30.77%;当节理倾角为 45°时,未加锚试件的平均稳态蠕变位移为 0.061 mm,加锚试件的平均稳态蠕变位移为 0.043 mm,减少了 29.51%;当节理倾角为 60°时,未加锚试件的平均稳态蠕变位移为 0.064 mm,加锚试件的平均稳态蠕变位移为 0.045 mm,减少了 29.69%。

③不同节理倾角的加锚节理试件的瞬时变形量均比对应节理倾角下的无锚节理试件的瞬时变化量明显减小,说明锚杆蠕变试验开始时已经对试件起到了加固的作用。

④无论是瞬时变形还是蠕变变形,加锚节理试件相比无锚节理试件都有明显的改善效果,特别是对试件的瞬时变形抑制效果极其显著,瞬时剪切变形量减少约 60%,稳态蠕变阶段的剪切蠕变变形量减少约 30%。

综合图 5.25—图 5.27 分析可以得出:

①节理倾角不同的节理试件,其力学特性的劣化程度也不同,随着节理角度的增大,

劣化程度先减小后增大,节理倾角为0°的试件,力学特性最差;节理倾角为45°的试件,力学特性最好;节理倾角为30°和60°的试件,力学特性相近,介于0°~45°。

②锚杆对劣化程度高的节理试件力学特性改善得更加显著。

5.3.6 剪切蠕变破坏机理分析

1)变形破坏现象分析

从节理试件的剪切-蠕变曲线(图5.23、图5.24)的形态可以看出,节理试件(包括有锚固和无锚固)的剪切蠕变从开始受剪到试件破坏,可分为4个阶段:第一个阶段是瞬时变形阶段,即在施加荷载的瞬间,节理试件产生瞬时变形;第二个阶段是衰减蠕变阶段,蠕变的变形速率开始减小并逐渐趋于零;第三个阶段是稳定蠕变阶段,在此阶段过程中,剪切位移基本不变,蠕变变形速率接近于零;第四个阶段是直接破坏阶段或加速破坏阶段,主要表现为当载荷达到某一水平时,剪切位移忽然变大,试件发生瞬间剪切破坏或者在最后一级剪切荷载作用下表现为蠕变速率逐渐变大,试件发生加速剪切滑移破坏。

对上述现象进行进一步分析:

在剪应力不变时,即应力保持恒定的时期,蠕变速率非常小,几乎为零。可以认为,此时节理基本上没有剪切滑移,但在剪应力作用下,节理有相对滑动的趋势,剪切滑移面上的摩擦力是静摩擦力。下一级剪应力的施加可视为瞬时完成的,每一级剪应力下的瞬时变形很大,而静载荷作用下的剪切蠕变位移相对较小。

节理在施加各级剪应力的瞬间产生较大的剪切位移,剪切位移的增加是一个累积的过程,在此过程中,节理必定会产生爬坡趋势,但节理和锚杆的摩擦对其剪切运动产生了较大的阻力。因此,只有当剪应力达到一定水平时,才能克服摩擦阻力,在下一级剪应力加载的过程中,使静摩擦力转变为动摩擦力,从而产生瞬时剪切破坏或滑移失稳破坏。

2)变形破坏机理分析

在剪切蠕变试验初期,由于施加的荷载较小,剪应力提供给节理表面的能量不足以使试件的节理产生滑动,因此,节理试件仅产生瞬时剪切变形。随着剪应力的增加,试件的节理啮合面开始滑动,形成一定的间隙,但在宏观表现上仍表现为瞬时变形;随着剪应力继续增大,节理发生屈服,节理之间的间隙逐渐增大,上下节理的错位更加显著,此时,试件节理形成应力集中。之后,试件的破坏情况向两个方向发展:一是此时的集中应力超过了节理试件的承受能力,试件节理发生瞬时剪切破坏;二是节理试件的应力作用达到平衡,蠕变速率相对稳定,但随着试件节理损伤程度的增加,损伤程度大于试件节理的硬化程度,节理面凸起,蠕变速率加快,节理试件进入加速蠕变阶段,从而发生滑移失稳破坏。

通过对无锚杆锚固、有锚杆锚固两种工况下的节理试件的剪切蠕变特性进行对比分析，可以看出，锚杆可以提高节理试件的抗剪强度，能有效地限制节理试件的变形。

①在单轴剪切蠕变试验的整个过程中，在不同阶段锚杆发挥着不同的作用，在弹性阶段锚杆起到销钉的作用；进入屈服阶段锚杆开始发挥轴向约束作用，此时锚杆兼有销钉和轴向约束的作用；在塑性阶段，锚杆的销钉作用消失，加锚节理试件的变形主要由轴向约束限制。

②锚杆在剪切蠕变试验开始阶段已经在发挥抗剪作用，因此，利用锚杆加固后的节理试件，其刚度比未加锚的节理试件要大，施加同样的剪切荷载，试件产生的剪切位移变小。通过锚杆对节理试件的加固，提高了节理试件的抗剪性能，使得加锚节理试件的破坏特性由脆性破坏转变为塑性破坏，提高了试件的整体稳定性。

5.3.7 加锚节理岩体的长期抗剪强度分析

通常情况下，剪切荷载达到节理岩体的瞬时破坏剪切强度时，节理岩体会发生剪切失稳破坏。另外，在节理岩体承受的剪切载荷低于其剪切强度时，如果剪切荷载有足够长的作用时间，节理岩体的蠕变作用也会使得节理岩体发生失稳破坏。因此，节理岩体的抗剪强度随着剪切载荷在节理岩体上作用时间的延长而下降，把剪切载荷作用的时间 $t \to \infty$ 时，节理岩体不发生失稳破坏的最大抗剪强度τ_s称为节理岩体的长期抗剪强度（又称为"临界剪切强度"）。

岩体的长期抗剪强度是一个非常重要的时间效应指标。在考虑永久或长期岩石工程的稳定性时，不应采用剪切强度，而应采用长期抗剪强度作为岩石强度计算的依据。

等时曲线法是许多学者确定节理岩体的长期抗剪强度常用的方法。为求解加锚节理岩体的长期抗剪强度，通过对图 5.24 采用 Boltzmann 叠加原理，以每一级荷载下相同的时间间隔为参数，绘制不同节理倾角加锚节理试件的剪切应力-位移的等时曲线簇，其中 0 d 为每一级剪切荷载施加时的相对起始时间，如图 5.28 所示。

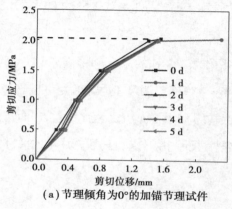

（a）节理倾角为0°的加锚节理试件

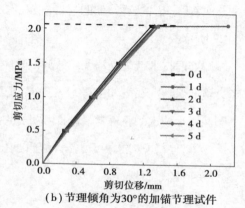

（b）节理倾角为30°的加锚节理试件

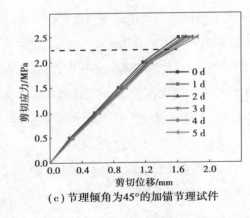
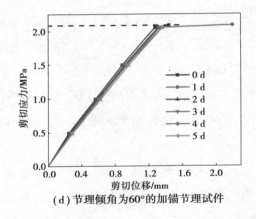

（c）节理倾角为45°的加锚节理试件　　　　　　（d）节理倾角为60°的加锚节理试件

图 5.28　剪切蠕变等时簇曲线

由图 5.28 可知,当节理倾角分别为 0°,30°,45°,60°时,加锚节理试件长期抗剪强度分别为 2.05,2.13,2.26,2.16 MPa,曲线在剪切强度达到长期强度之前,不同时间曲线之间的距离比较紧凑,曲线近似呈现为线性变化,而当加锚节理试件所受的剪切应力大于长期抗剪强度后,不同时间曲线之间的距离开始发散,曲线近似呈现水平,其原因是随着剪应力的不断增大,试件的抗变形能力逐渐降低,当荷载大于长期抗剪强度时,节理试件的内部结构被破坏,节理试件丧失抵抗剪切的能力,从而进入加速蠕变阶段或瞬时破坏阶段。

5.3.8　加锚节理岩体细观损伤演化研究

通过 CT 扫描技术对加锚节理试件进行扫描分析,得到相关 CT 扫描图像。利用图像处理技术对得到的图像进行处理,对所要研究的部分进行重点显像,从而得到更加清晰的 CT 图像。本章借助 CT 扫描技术,从细观角度上,对加锚节理试件的剪切蠕变特性做进一步的研究。

1)CT 扫描图像的处理

此次 CT 扫描试验得到的 CT 图片较多,从中选取了一部分具有代表性的 CT 图像,如图 5.29 所示。

图像处理技术就是利用现代计算机软件,将原本模糊不清的原始 CT 图像经过计算机处理,得到满足要求的 CT 图像,其目的是帮助科学工作者更加合理地对相关问题进行研究。图像处理技术的原理是借助计算机软件将最初的 CT 图像转化为程序语言,进而转化成数字矩阵,使得 CT 图像可以被计算机量化辨识,进而利用计算机提取图片中的关键信息,对相关问题进行研究。

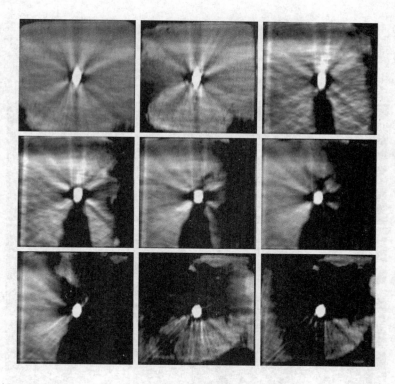

图 5.29　部分 CT 扫描图像

图像处理技术包括以下几种主要方法：

①图像增强。通过图像增强可以使 CT 图像具有更出色的视觉效果，使得利用 CT 图像分析问题更加精准。常用的图像增强技术包括伪彩色、边缘增强、变换处理、噪声处理等。

②图像识别。对图像的相关特征进行分析，根据实际研究的需要，对其中的关键特征信息进行处理，从而能够对整个图像进行较清晰的辨识。

③图像分割。对图像中有价值的特征进行筛选，这对于进一步对图像进行识别和分析至关重要。有价值的特征包括图像中的边缘、特定区域等。

④图像描述。对图像进行描述是识别图像以及理解图像的基础。简单的二值图像可以根据其几何特征对物体的特征进行描述。一般图像采用二维形状描述的方法，描述方法分为边界描述和面积描述。

2）对 CT 图像进行灰度处理

（1）灰度图像

利用灰度处理的方法可以将模糊不清的原始 CT 图像变为较清晰的灰度图像，将图

5.29进行灰度处理得到图 5.30。灰度处理的原理是调整原始 CT 图像的对比度,以凸显其中的关键信息,不过利用该方法可能会将原始图像中的其他重点信息覆盖掉,因此,需要选取合理的灰度值对图像进行处理。

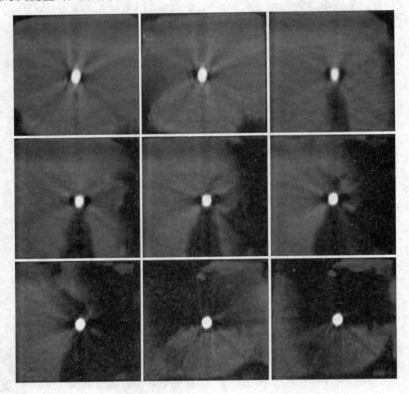

图 5.30　CT 图像的灰度图像

在灰度图像中,图像的每个像素具有唯一的颜色分量,颜色分量的值取决于像素的数据位数。本试验的 CT 图像是 8 位制图像,共 256 个灰度级,颜色分量值的范围为 0 ~ 255。CT 灰度图像是由大量像素点构成的,每个像素点对应不同的颜色分量,所以在 CT 灰度图中能显现出颜色深度的变化。

(2)灰度直方图

灰度直方图是对 CT 图中不同灰度值出现的频率进行统计形成的一种图像,通过对得到的灰度直方图进行分析,从而得到灰度值的分布规律。

图 5.31(b)的纵轴代表的是灰度值的频率,其横轴代表的是灰度值的大小,通过图 5.31可知,CT 图像的灰度值大多分布在 10 ~ 120 的区间;灰度值较大的部分其频率较小,代表的是锚杆部分;灰度值较小的部分其频率较大,代表的是裂隙部分;灰度值介于两者的部分则表征的是密实基体;基于此对灰度直方图进行分析,就可以分析加锚节理试件在

剪切蠕变条件下的变化规律。

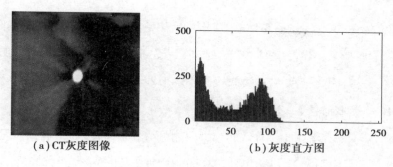

（a）CT灰度图像　　　　　　　　　　（b）灰度直方图

图5.31　灰度图像与直方图

（3）CT 图像去噪

在进行 CT 扫描试验的过程中，试验不可避免地会被噪声干扰，由此得到的 CT 扫描图像是含噪声的 CT 扫描图像，如果直接利用这些图像进行分析，得到的分析结果就会失去准确性，所以必须通过 CT 试验得到的原始 CT 图像进行去噪处理。本节是利用中值滤波的手段对原始的 CT 图像去噪，其原理是将图像中某个点的值换成该点所在一定邻域范围内的中值，其目的是消除灰度值变化幅度较大区域的噪声点。通过图像去噪可以获得满足研究要求的 CT 图像。经过去噪处理之后的效果，如图 5.32 所示。

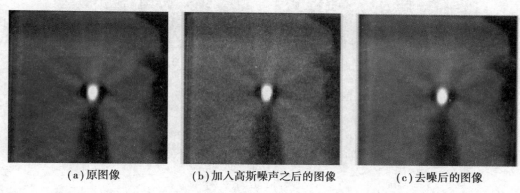

（a）原图像　　　　　　　（b）加入高斯噪声之后的图像　　　　　　　（c）去噪后的图像

图5.32　中值滤波去噪后的图像与原图对比

通过对图 5.32 的 3 幅图对比分析可知，经过去噪处理后的图像变得更加清晰，去噪后的图像与原 CT 图像相比其基体部分的颜色变化跨度更小。

3）CT 图像分割

图像分割就是将原始的 CT 图像分割成特定的独立区域，然后提取与自己研究相关的信息。图像分割是图像处理的重要一环，是进行图像分析的关键。

(1)边缘检测

经过前文描述的有关处理,整体的 CT 图像比原始图像更加清晰,但不同部分之间的边界却仍难以通过肉眼识别。基体、裂隙、锚杆三者之间的边界模糊不利于对加锚节理试件细观性质的分析,因此,需要借助边缘检测手段来划分出不同部分之间的明确边界,以确保重要的边缘区域信息不被覆盖。

运用目前众多研究者认为最有效的边缘检测算法——Canny 算子进行处理得到的图像如图 5.33 所示。由图 5.33 可知,图 5.33(b)中白色线条的位置与图 5.33(a)黑色和灰色的交界相吻合。借助边缘检测手段,分析裂隙的变化规律,是一种研究加锚节理试件细观特性的有效方法。

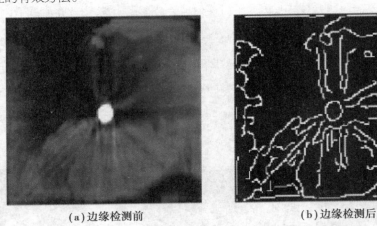

(a)边缘检测前   (b)边缘检测后

图 5.33　Canny 算子处理后的图像

(2)CT 图像阈值分割

阈值分割方法实际上是输入图像 f 到输出图像 g 的如下变换:

$$g(i,j) = \begin{cases} 1 & f(i,j) \geq T \\ 0 & f(i,j) < T \end{cases} \qquad (5.14)$$

式中　T——阈值,实物图像元素的 $g(i,j)$ 取 1,对于背景图像元素的 $g(i,j)$ 取 0。

确定分割的阈值是图像分割乃至整个 CT 处理过程中最重要的一环,合理的阈值精准地分割 CT 图像的各个部分,这对于加锚节理试件的细观研究具有重要意义。确定阈值的方法是:选择一个合理的阈值范围,使其将不同阈值下的图像进行对比,从而去选择合适阈值的图像进行分析。

为了确定二值图像分割阈值 T,以图 5.31(a)为例,对同一 CT 扫描图像在不同阈值条件下反映的图像效果进行分析,从而确定最佳的分割阈值,使得处理后的 CT 图像能更准确地反映加锚节理试件经过剪切蠕变作用后的力学特性。根据对图 5.31(b)分析得到的结论,利用不同阈值进行分割得到的 CT 图像如图 5.34 所示。

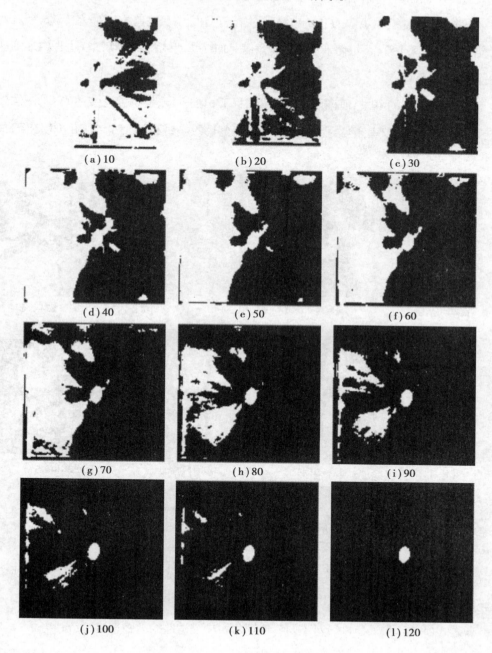

(a) 10   (b) 20   (c) 30

(d) 40   (e) 50   (f) 60

(g) 70   (h) 80   (i) 90

(j) 100   (k) 110   (l) 120

图 5.34 不同阈值分割的图像

由图 5.34 可知,当阈值在 50 以下时,经过阈值分割处理后的图像其部分裂隙被试件覆盖,各部分的界限比较模糊,用这些图像进行分析会使得分析结果失准;当阈值在 50 ~

120 时,可以显示出试件中基体、裂隙、锚杆 3 部分各自的区域,但取不同的阈值,其图像效果不同,效果最佳时阈值等于 50,得出的图像与图 5.31(a)基本一致;当阈值超过 120 时,显示出的 CT 图像只有锚杆和裂隙,基体部分全部被裂隙所覆盖。

在阈值分割过程中,用灰度值 1 替换了原始 CT 图像中灰度值 1 ~ 255 的部分,经过处理,使得图像更利于观察,更便于从定量的角度对加锚节理试件在剪切蠕变过程中的细观变化进行分析。

选取同一断层的不同节理倾角加锚试件的 CT 扫描图像,利用前文叙述的 CT 图像处理方法,获得了不同节理倾角的加锚节理试件在剪切蠕变试验前后的二值化 CT 图像,如图 5.35 所示。

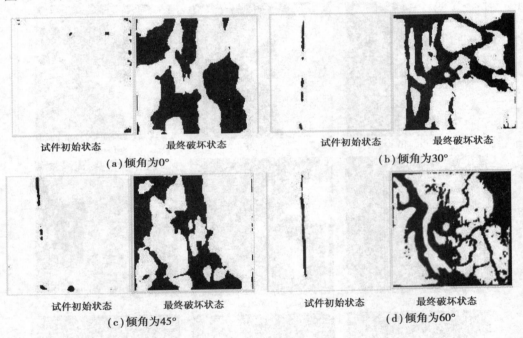

图 5.35　同一断层不同节理倾角加锚节理试件的二值化 CT 图像

从图 5.35 中可以看出,在剪切蠕变作用下,加锚节理试件受到破坏,出现了大量裂隙,对应于图中大量的黑色部分,贯通的裂隙已经连成区域,在锚杆附近的裂隙已经形成了破碎带。

通过式(5.15)和式(5.16)对不同节理倾角的加锚试件的裂隙率进行统计分析,其计算结果见表 5.9。

$$V = N \cdot V_1 \tag{5.15}$$

$$\rho_v = \frac{V}{V_0} \times 100\% \qquad (5.16)$$

式中　N——二值化 CT 图像中黑色像素的个数；

　　　V——二值化 CT 图像中的裂隙面积，mm^2；

　　　V_1——模型单元的体积，mm^3；

　　　V_0——二值化 CT 图像的总面积，mm^2。

表 5.9　不同节理倾角条件下加锚节理试件某一断层的裂隙率

不同节理倾角	岩石所处的状态	裂隙率/%
倾角为 0°	试件最初状态	1.21
	试件最终状态	43.88
倾角为 30°	试件最初状态	1.47
	试件最终状态	40.98
倾角为 45°	试件最初状态	1.32
	试件最终状态	34.62
倾角为 60°	试件最初状态	1.74
	试件最终状态	39.98

　　为保证不同节理倾角的数据能够互相比较，因此，表 5.9 中的所有数据都是选自加锚节理试件的同一断层。

　　从表 5.9 可以看出，节理倾角不同的加锚节理试件其断层裂隙率的增长幅度不同，经过剪切蠕变作用后，0°节理倾角的加锚节理试件其裂隙扩大了 42.67%；30°节理倾角的加锚节理试件其裂隙扩大了 39.51%；45°节理倾角的加锚节理试件其裂隙扩大了33.30%；60°节理倾角的加锚节理试件其裂隙扩大了 38.24%。

　　结合前文研究结果，得到了图 5.36。由图可知，经过剪切蠕变作用的试件其裂隙增长量随着节理倾角的增长，呈现出先减小后增大的趋势，在节理倾角为 45°时降到最低值。说明剪切蠕变作用对节理倾角为 45°的加锚节理试件的破坏程度最低。

　　从图中还能看出，试件长期抗剪强度与其裂隙增量的变化趋势具有一定的相关性，试件的长期抗剪强度越大，试件的裂隙增量就越小，说明试件裂隙率的大小影响着试件的长期抗剪强度。

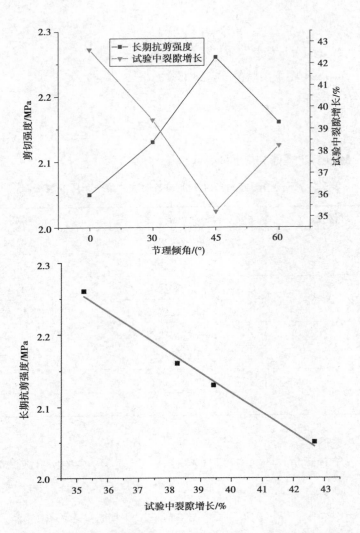

图 5.36　不同节理倾角下的裂隙率增长情况及与长期抗剪强度的相关性

5.3.9　加锚节理岩体的三维重构

为了实现对加锚节理试件不同断层的裂隙演化规律的研究,利用前文的图像处理技术分析了加锚节理试件的不同扫描断层的 CT 扫描图像,但是由于分析研究断层的角度始终在二维阶段,导致其结果具有很大的局限性。计算机的功能随着计算机的飞速发展逐渐变得丰富全面,利用计算机技术已经可以对加锚节理试件展开三维研究,为了更加准确地分析加锚节理试件破坏前和破坏后的两种状态,将 CT 扫描得来的图像导入 Mimics 软件中,进行三维重构。

1）试件内部破裂的分形描述

为了实现定量分析岩体内部破裂情况,进而对剪切蠕变作用下加锚节理试件的内部破裂状态进行描述,所以本节基于本章前文中的图像处理以及三维重构的基础上引入分形理论来进行分析。借助盒维数进行分形描述,盒维数计算示意图如图 5.37 所示。

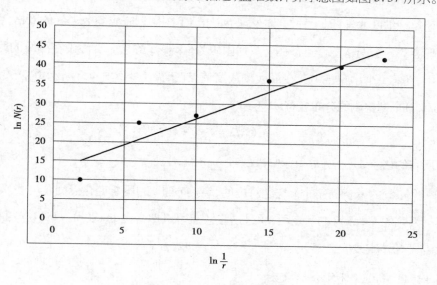

图 5.37　盒维数计算示意图

（1）盒维数定义

首先选择边长为 r 的小盒子,把需要研究的图像覆盖住,然后统计含有裂隙的非空盒子数目[记为 $N(r)$];盒子的个数随着边长 r 的减小,而逐渐增大,当 $r{\to}0$ 时,便可得出所求的分形维数。

$$D_0 = -\lim_{r\to 0}\frac{\ln N(r)}{\ln(r)} = \lim_{r\to 0}\frac{\ln N(r)}{\ln \dfrac{1}{r}} \tag{5.17}$$

当实际计算时,r 不是无限的,需要选取一系列 r 和 $N(r)$,然后借助最小二乘法在双对数坐标中拟合得到直线,表征其分形维数的是直线的斜率。

盒子的边长一般取:

$$r_i = 2^i r_0 \quad (i=1,2,\cdots,n) \tag{5.18}$$

式中　r_0——盒子的最小边长。

（2）差分盒维数

引入差分盒维数是因为利用盒维数进行计算会产生较大的误差,导致不能充分利用 CT 图像中的有效信息。因此,可将差分盒维数法看成盒维数法基础上的进一步完善,分形计算给定面积为 $M\times M$ 的 CT 二值化图像。为了覆盖要分形的图像,将该图形分割成为

$s \times s$ 个小块,可以选择边长为 r 的盒子,s 是一个整数,$1 \leqslant s \leqslant M/2$ 记为 $r = s/M$。可将面积为 $M \times M$ 的图像模拟成一个三维空间,(x, y) 表示某个像素点的平面位置,用像素点的灰度值表示第三维度的坐标。通过上述处理就能把 CT 图像划分成多个 $s \times s$ 的网格,可以理解为在任意的一个网格位置上存在一系列体积为 $s \times s \times s$ 的盒子。假设在图像的第 (i, j) 个网格中,在第 1 个小盒子中存在最大的灰度值,在第 k 个小盒子中有最小的灰度值,则 N_r 在第 (i, j) 个网格内的分布 $n_r(i, j)$ 为:

$$n_r(i, j) = l - k + 1 \tag{5.19}$$

对所有的格子 $n_r(i, j)$ 求和,则有 $N_r = \sum n_r(i, j)$。

每一个不同的 s,都有一个 r 与之对应的,经过 r 随 s 的不断变化而变化的多次变换,能获得一系列的 $r \sim N(r)$ 的散点图,通过这些散点可以拟合出 $\ln N(r) - \ln(1/r)$ 曲线,分形维数 D 即为该直线的斜率。

(3)利用 Matlab 计算分形维数

借助 Matlab 软件能够更利于对分形维数进行计算分析。具体步骤如下:

①读取图像。将图片转化成计算机能够辨识的信息,具体方法是用 imread 函数对图片中的信息进行处理,记录图片信息是通过数据字节形式进行的,除此之外,还有一部分数据信息以二维数组的形式对应图片中的每个像素点的信息。

②处理原始图像得到灰度图像。利用 Matlab 软件通过 rgb2gray(I)函数,对原始图像进行灰度处理。

③处理图像边缘。通过 edge(I)函数,对图像边缘进行检测,从而分割出截面的边界,以免截面附近的空气影响分形维数的分析。

④确定图像尺寸。通过 size(I)函数,调出图像矩阵的行数和列数,进而确定图像的尺寸。

⑤求出 N_r 等数据。选择尺寸为 $M \times M$ 的 CT 图像,盒子的尺寸选取 $s(1 \leqslant s \leqslant M/2, s = 2, 4, 8, \cdots)$,计算尺度 $r = s/M$ 将 CT 图像划分为 $s \times s \times s$ 的盒子,计算每个盒子的 $n_r(i, j)$ 值,则 $M \times M$ 区域内对应尺度 r 下的盒子数为 $N_r = \left| \sum n_r(i, j) \right| / s^2$。

⑥曲线拟合。通过 Polyfit 函数进行曲线拟合,得到分数维数 D。

(4)结果分析

将得到的分形维数信息放置在表 5.10 中,以节理倾角为 0°的加锚节理试件为例,作

图 5.38。

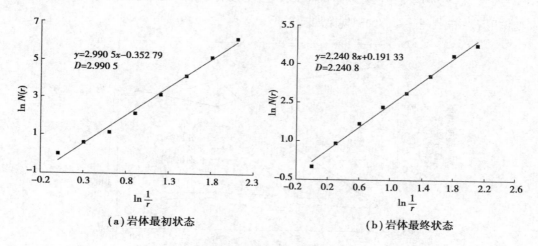

（a）岩体最初状态　　　　　　　（b）岩体最终状态

图 5.38　0°节理倾角的加锚节理试件分形维数曲线

根据盒维数的定义，完整岩体的分形维数是 3。随着剪切蠕变作用下锚固节理试件内部破裂程度的增加，分形维数逐渐变小。

2）含不同角度的节理加锚试件的三维重构模型研究

对 CT 扫描得到的原始图像进行处理，利用 Mimics 将经过处理后的 CT 图像进行三维重构，对经过三维重构后的图像进行分析，得到表 5.10。

表 5.10　不同节理倾角的加锚节理试件内部破裂情况的参数统计

不同节理倾角	试件所处的状态	体分形维数	灰度值	体密度/（10^{-2} mm）
倾角为 0°	试件最初状态	2.972 8	252.562 6	0.155 4
	试件最终状态	2.236 8	135.542 5	5.468 3
倾角为 30°	试件最初状态	2.963 1	251.895 4	0.133 6
	试件最终状态	2.226 7	147.467 5	5.126 9
倾角为 45°	试件最初状态	2.938 5	249.384 6	0.166 3
	试件最终状态	2.369 5	161.737 8	4.464 3
倾角为 60°	试件最初状态	2.969 8	251.552 1	0.166 9
	试件最终状态	2.323 6	156.350 2	4.798 7

注：t 是体密度，即裂隙的面积与试件体积之比。

结合表 5.10 和图 5.28 可以得到图 5.39，由图分析可知，体密度随着节理倾角的增加开始减小，到倾角为 45°时最小，然后增大，说明节理倾角的变化影响着在长期剪切荷载作用下的加锚节理试件其内部的破坏情况。随着节理倾角的改变，体分形维数和灰度值也发生了变化,说明这两种也可以作为判断加锚节理试件的破坏程度的指标,从而对剪切蠕变作用下加锚节理试件的细观规律加以分析。

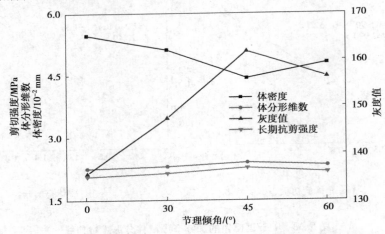

图 5.39　长期抗剪强度与各细观参数随节理倾角变化曲线

在图 5.39 的基础上作进一步分析,得到图 5.40。通过图 5.40(a)可以看出,长期抗剪强度与体分形维数之间有着较强的相关性。由图 5.40(b)和图 5.40(c)可以得到与图 5.40(a)类似的结论,即长期抗剪强度与体分形维数、体密度、灰度值之间存在较为理想的相关性。由分析可知,节理试件的长期抗剪强度随灰度值、体分形维数的增大而增加,而随体密度的增大而减小。以上研究表明,通过体分形维数、体密度、灰度值等相关参数对加锚节理试件的裂隙发展规律进行描述,从而确定加锚节理试件的长期抗剪强度是可行的。

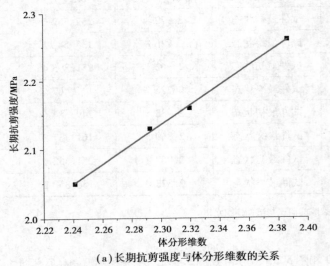

(a)长期抗剪强度与体分形维数的关系

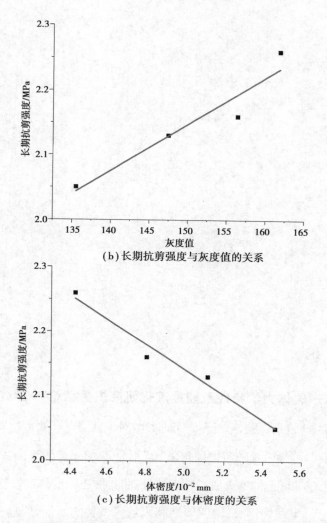

(b)长期抗剪强度与灰度值的关系

(c)长期抗剪强度与体密度的关系

图 5.40 长期抗剪强度与体分形维数、灰度值、体密度的关系曲线

✳ 6.1 结　论

6.1.1　节理岩体力学特性及能量演化研究主要结论

通过单轴压缩声发射试验,分析不同节理参数对试件强度和变形特性的影响,试件峰值强度、弹性模量与弹性应变随节理倾角呈"U"形分布,在 $\alpha = 60°$ 时达到最小值,表现出强烈的各向异性,随着间距的增大成指数衰减,说明其抗压强度与变形差异减小,峰值应变随节理间距增大,呈线性增长,说明节理间距越大试件的延展性越好,其承载安全性越强。

基于获得的应力-应变曲线试验结果,通过对节理试件能量演化特性的回归分析,表明在峰前阶段弹性应变能为能量分配主体,岩件随着节理间距的减小,节理面间产生更多压缩裂纹以及次生裂纹,裂纹相互作用快速贯通使试件力学性质弱化,用能量演化过程中耗散能与试件吸收能量的关系来量化试件能量损伤,分别得到耗散能与节理倾角、节理间距的演化关系。

通过单轴循环加卸载声发射试验,研究了不同节理倾角试件强度特征,从试件破坏的能量机制对试验过程中能量演化和分配规律展开分析,节理倾角为 60° 试件各能量值最小,但 U^d 占比均大于其他试件,说明倾角为 60° 的试件内部节理与预制节理处应力集中现象明显,节理扩展贯通速度更快,其破坏时所消耗的能量较大,破坏特征比较明显,同时分析了基于试件声发射 Kasier 效应和 Felicity 效应及加卸载响应比随循环次数的不同节理倾角试件失稳破坏的前兆规律,发现应力在 60% ~ 70%,Kaiser 记忆效应基本消失,加卸载响应比下降为 1,这可以作为试件破坏失稳的判定依据;采用分析软件 RFPA 进行了单轴压缩和单轴循环加卸载试验,节理倾角为 30°和 45°的试件主要发生张拉破坏,其裂纹方向与加载方向一致,裂纹以压拉裂纹为主,节理倾角为 60°、75°的试件主要发生剪切破坏或张剪破坏,裂纹以剪裂纹为主,破坏形式主要以沿节理面贯穿到试件右上侧和左下侧,说明剪切裂纹与节理面间贯穿的压拉裂纹共同作用对试件的影响最大,节理倾角为 60°的试件强度最低,节理倾角为 30° 的试件在归一化强度达到 0.75 时进入裂纹非稳定破裂发展阶段表现出明显的 Felicity 效应。

6.1.2　加锚节理岩体宏细观剪切特性研究主要结论

节理倾角为 45°的试件剪切强度最大,倾角为 60°和 30°时试件的强度相近,剪切强度随着节理倾角变化的规律为:$\tau_{45°} > \tau_{60°} > \tau_{30°} > \tau_{0°}$;节理面粗糙度 JRC 为 16 时的剪切强度最大,剪切强度随着节理面粗糙度变化的规律为:$\tau_{JRC=16} > \tau_{JRC=21} > \tau_{JRC=9} > \tau_{JRC=3} > \tau_{JRC=0}$。

通过对无锚节理试件、普通锚杆锚固节理试件进行对比分析,普通锚杆锚固的节理试件曲线出现两个峰值。加锚节理试件的剪切强度均大于无锚节理试件,甚至大部分的加锚节理试件的首次峰值也大于无锚节理试件,加锚试件节理面刚度明显增大,即较小的剪切位移需要施加较大的剪切力;锚杆在节理试件受到剪切作用时能够提高节理试件的抗剪强度,有效地控制着节理试件的变形。

对 CT 扫描得来的图像运用灰度处理、图像去噪、边缘检测以及阈值分割等手段进行处理,得到更清晰直观的图像来研究加锚节理试件内部破裂情况,选取同一断层,对不同节理倾角、节理面粗糙度以及不同受力阶段的裂隙率进行计算,对比不同工况下的裂隙增长量以及裂隙增长速率,分析不同节理倾角、节理面粗糙度以及不同受力阶段的裂隙率演化规律。随着节理倾角的变化,试件首次峰值后的裂隙增量与其首次峰值处的剪切位移的变化趋势呈负相关,即首次峰值处的剪切位移越大,首次峰值后的裂隙增量越小;试件总的裂隙增量与其试件峰值强度的变化趋势也呈负相关,即剪切峰值强度越大,试件总的裂隙增量越小。随着节理面粗糙度的变化,试件首次峰值后的裂隙增量与其首次峰值处的剪切位移的变化趋势呈负相关,即首次峰值处的剪切位移越大,首次峰值后的裂隙增量越小;试件总的裂隙增量与其试件峰值强度的变化趋势也呈负相关,即剪切峰值强度越大,试件总的裂隙增量越小。

将运用图像处理技术处理后的 CT 图像进行三维重构,得到不同节理倾角、节理面粗糙度以及不同状态的重构试件,对重构出来的试件从分形维数、体密度以及灰度值等方面进行计算研究,并对剪切强度与分形维数、体密度以及灰度值的相关性进行分析,结果表明它们之间存在较高的相关性,为研究加锚节理岩体内部破裂情况提供了新的方向。

6.1.3　加锚节理岩体单轴蠕变特性及本构模型研究主要结论

通过对无节理加锚试件、节理加锚试件单轴蠕变试验,得到无节理试件的纵向、横向各阶段蠕变量随应力水平增加而增加,锚杆预应力损失时间随应力水平增加呈非线性递减。随着节理角度减小,其轴向、横向蠕变量先减少后增加,预应力锚杆的横向抵抗蠕变变形作用大于纵向抵抗蠕变变形的效果,与此相对的是,锚杆预应力损失时间先减少后增加。阐明了加锚岩体蠕变变形与锚杆预应力损失耦合效应机理,由于轴向荷载增加,试件产生横向变形,抵消了预应力锚杆的压缩变形量,使锚杆预应力短时间迅速损失至 0。由于预应力的存在,使试件横向初始变形发生时间延后。随着预应力损失至 0,此后阶段由锚杆承担外部荷载、约束试件蠕变作用。

通过 FLAC3D 数值模拟软件对单轴蠕变试验全过程进行模拟试验,从锚端横向应力变化规律分析了锚杆预应力变化规律。从试件的变形特征可得,虽然锚杆预应力损失值最终为 0,但锚杆依然存在抵抗试件蠕变变形的作用。节理模型试件随着节理倾角减小,最终由劈裂变形转变为压剪变形。锚杆在节理中心受剪应力最大位置位于节理面两侧。建立了加锚节理岩体蠕变变形与锚杆预应力损失耦合效应蠕变模型并得到了模型相关参数,提出了锚杆预应力损失计算方法。

6.1.4　加锚节理岩体宏细观剪切蠕变特性及本构模型研究主要结论

在加锚节理试件剪切蠕变试验中,试件瞬时蠕变变形量和衰减蠕变时间随法向应力线性变化,且瞬时蠕变变形量与应力呈负相关,衰减蠕变时间与应力呈正相关。通过绘制不同法向应力下剪切应力-位移的等时曲线簇,得到试件长期强度的相关规律:试件长期强度随法向应力的提高而增加,其原因为法向应力的提高增加了试件的延性,从而增强试件抵抗剪切变形的能力,使试件长期强度提高。通过对不同试件剪切蠕变分析,说明时间因数 M 为试件固有属性,且时间因数 M 随着试件强度的增加而提高;通过时间因数 M,能够得到试件相应孔隙体积分数 f,从而实现对试件裂隙的定量描述。

通过在传统西原模型基础上串联 GTN 模型,得到能够描述试件弹黏塑性变化全程的复合流变模型,通过验证、对比可知,复合流变模型与传统西原体均可描述试件剪切蠕变的衰减、稳态阶段,但复合流变模型能更好地分析试件加速阶段,以定量分析的方式研究试件的破坏,从而为深部加锚节理岩体的研究提供理论支撑。

试件的节理倾角不同,其力学特性的劣化程度也不同,随着倾角增大,呈现出先减后增的变化趋势,无论有无锚杆的加固,节理倾角为45°的试件其剪切强度都是最高的,倾角为0°的节理试件的剪切强度都是最低的,倾角为30°和倾角为60°的节理强度都比较接近,介于0°~45°,不同节理倾角的节理试件剪切强度的变化规律为:$\tau_{45°} > \tau_{60°} \approx \tau_{30°} > \tau_{0°}$;在节理倾角相同的条件下,与无锚节理试件相比,加锚节理试件剪切蠕变力学特性均有所提升,锚杆提高了试件发生不稳定破坏的蠕变阈值;无论是瞬时变形还是蠕变变形,加锚节理试件相比无锚节理试件都有明显的改善效果,特别是对试件的瞬时变形抑制效果极其显著;对CT扫描得来的图像运用灰度处理、图像去噪、边缘检测以及阈值分割等方法对图像进行处理,选取同一断层,对不同节理倾角加锚节理试件的裂隙率进行计算。对比得到,加锚节理试件的裂隙增量与其长期抗剪强度的变化趋势呈负相关;对处理后的CT图像进行三维重构,获得了不同节理倾角的重构试件。从体形维数、体密度和灰度值3个角度对重构试件进行计算和分析,研究了加锚节理试件的长期抗剪强度与体形维数、体密度和灰度值之间的关联性,为加锚节理岩体长期抗剪强度的研究提供了一个新的方向。

✱6.2　展　望

由于作者水平有限、试验条件有限,研究存在一定的困难,在研究过程中还存在一些不足,需做进一步的改进。

本节在做CT扫描试验时,采用了试验结束后的试件内部裂隙面进行扫描分析的方法,但剪切蠕变试验的试验时间较长,经此得来的细观研究不能完全代表整个剪切蠕变试验,可以进一步进行实时扫描来实现整个剪切蠕变试验的细观研究;在实际深部岩土工程中,节理岩体承受着高温、高渗透压等条件的影响,并且节理往往交错发育,针对如此复杂的工程环境,需进一步进行研究探讨,以解决工程难题。

参考文献

[1] 刘泉声,雷广峰,彭星新.深部裂隙岩体锚固机制研究进展与思考[J].岩石力学与工程学报,2016,35(2):312-332.

[2] 胡聿贤.地震工程学[M].2版.北京:地震出版社,2006.

[3] BJURSTROM S,ROCK M,et al. Shear strength of hard rock joints reinforced by grouted untensioned bolts[C]// Proceedings of the 3rd International Congress on Rock Mechanics Denver.[S.1.]:[s.n.],1974,2(B):1194-1199.

[4] FULLER P G, COX R. Rock reinforcement design based on control of joint displacement-a new concept[C]// Proceedings of the 3rd Australian Tunnelling Conference. Sydney, Australia:[s. n.],1978:28-35.

[5] 李术才,王刚,王书刚,等.加锚断续节理岩体断裂损伤模型在硐室开挖与支护中的应用[J].岩石力学与工程学报,2006(8):1582-1590.

[6] 刘才华,李育宗.考虑横向抗剪效应的节理岩体全长黏结型锚杆锚固机制研究及进展[J].岩石力学与工程学报,2018,37(8):1856-1872.

[7] 腾俊洋,张宇宁,唐建新,等.单轴压缩下含层理加锚岩石力学特性研究[J].岩土力学,2017,38(7):1974-1982.

[8] 张波,李术才,杨学英,等.含交叉裂隙节理岩体锚固效应及破坏模式[J].岩石力学与工程学报,2014,33(5):996-1003.

[9] ZHANG B, LI S C, XIA K W, et al. Reinforcement of rock mass with cross-flaws Underground Space using rock bolt[J]. Tunnelling and Underground Space Technology, 2016

（51）:346-353.

[10] KILIC A, YASAR E, CELIK A G. Effect of grout properties on the pull-out load capacity of fully grouted rock bolt[J]. Tunneling and Underground Space Technology, 2002, 17 (4): 355-362.

[11] GRASSELLI G. 3D behaviour of bolted rock joints: experimental and numerical study[J]. International Journal of Rock Mechanics and Mining Sciences, 2005,42(1):13-24.

[12] LI C, STILLBORG B. Analytical models for rock bolts[J]. International Journal of Rock Mechanics and Mining Sciences,1999, 36(8): 1013-1029.

[13] 汪小刚,周纪军,贾志欣,等. 加锚节理面的抗剪试验研究[J]. 岩土力学,2016,37 (S2):250-256.

[14] 王平,冯涛,朱永建,等. 加锚预制裂隙类岩体锚固机制试验研究及其数值模拟[J]. 岩土力学,2016,37(3):793-801.

[15] 王平,朱永建,冯涛,等. 单轴加载下裂隙试件主控制纹演化规律及锚固止裂机理 [J]. 湖南科技大学学报:自然科学版,2020,35(3):13-22.

[16] 李育宗,刘才华. 拉剪作用下节理岩体锚固力学分析模型[J]. 岩石力学与工程学报, 2016,35(12):2471-2478.

[17] JALALIFAR H,AZIZ N. Experimental and 3D numerical simulation of reinforced shearjoints [J]. Rock Mechanics and Rock Engineering,2010, 43(1):95-103.

[18] CHEN Y, LI C C. Influences of loading condition and rock strength to the performance of rock bolts[J]. Geotechnical Testing Journal, 2015, 38(2): 208-218.

[19] SRIVASTAVA L P, SINGH M. Effect of fully grouted passive bolts on joint shear strength parameters in a blocky mass[J]. Rock Mechanics and Rock Engineering, 2015, 48(3): 1197-1206.

[20] 周辉,徐荣超,张传庆,等. 预应力锚杆锚固止裂效应的试验研究[J]. 岩石力学与工程学报,2015,34(10):2027-2037.

[21] 王刚,袁康,蒋宇静,等. 剪切荷载下岩体结构面-浆体-锚杆相互作用机理宏细观研究 [J]. 中南大学学报:自然科学版,2015,46(6):2207-2215.

[22] 位伟,姜清辉,周创兵. 节理面附近锚杆力学模型及其数值流形方法应用[J]. 工程力学,2014,31(11):70-78.

［23］刘爱卿,鞠文君,许海涛,等.锚杆预紧力对节理岩体抗剪性能影响的试验研究［J］.煤炭学报,2013,38(3):391-396.

［24］CHEN S H, SHAHROUR I. Composite element method for the bolted discontinuous rock masses and its application ［J］. International Journal of Rock Mechanics and Mining Sciences, 2008, 45(3): 384-396.

［25］郎颖娴,梁正召,段东,等.基于CT试验的岩石细观孔隙模型重构与并行模拟［J］.岩土力学,2019,40(3):1204-1212.

［26］BUBECK A, WALKER R J,HEALY D, et al. Pore geometry as a control on rock strength ［J］. Earth and Planetary Science Letters,2017,457(1):38-48.

［27］OKABE H, BLUNT M J. Pore space reconstruction using multiple-point statistics［J］. Journal of Petroleum Science and Engineering. 2005, 46(1-2):121-137.

［28］陆银龙,王连国.基于微裂纹演化的岩石蠕变损伤与破裂过程的数值模拟［J］.煤炭学报,2015,40(6):1276-1283.

［29］李晓照.基于细观力学的脆性岩石渐进及蠕变失效特性研究［D］.西安:西安建筑科技大学,2016.

［30］姜鹏,潘鹏志,赵善坤,等.基于应变能的岩石黏弹塑性损伤耦合蠕变本构模型及应用［J］.煤炭学报,2018,43(11):2967-2979.

［31］胡光辉,徐涛,陈崇枫,等.基于离散元法的脆性岩石细观蠕变失稳研究［J］.工程力学,2018,35(9):26-36.

［32］邵珠山,李晓照.基于细观力学的脆性岩石长期蠕变失效研究［J］.岩石力学与工程学报,2016,35(S1):2644-2652.

［33］BIKONG C, HOXHA D, SHAO J F. A micro-macro model for time-dependent behavior of clayey rocks due to anisotropic propagation of microcracks［J］. International Journal of Plasticity,2015,69:73-88.

［34］FAHIMIFAR A, KARAMI M, FAHIMIFAR A. Modifications to an elasto-visco-plastic constitutive model for prediction of creep deformation of rock samples［J］. Soils and Foundations, 2015,55(6):1364-1371.

［35］熊良宵,虞利军,杨昌斌.硬性结构面的剪切流变模型及试验数值分析［J］.岩石力学与工程学报,2015,34(S1):2894-2899.

[36] 王闫超. 巴东组泥岩蠕变力学特性及边坡变形与支护的时效性研究[D]. 武汉:中国地质大学,2018.

[37] 王俊光,梁冰,杨鹏锦. 动静载荷作用下片麻岩蠕变实验及非线性扰动蠕变模型[J]. 煤炭学报,2019,44(1):192-198.

[38] 金俊超,佘成学,尚朋阳. 基于应变软化指标的岩石非线性蠕变模型[J]. 岩土力学,2019,40(6):2239-2246,2256.

[39] GRGIC D. Constitutive modelling of the elastic-plastic, viscoplastic and damage behaviour of hard porous rocks within the unified theory of inelastic flow[J]. Acta Geotechnica, 2016, 11(1):95-126.

[40] ZENG J, ZHANG J. Damage Constitutive Model of Mudstone Creep Based on the Theory of Fractional Calculus[J]. Advances in Petroleum Exploration and Development,2015,10(2):83-87.

[41] KHALEDI K, MAHMOUDI E, DATCHEVA M,et al. Stability and serviceability of underground energy storage caverns in rock salt subjected to mechanical cyclic loading[J]. International Journal of Rock Mechanics and Mining Sciences,2016,86:115-131.

[42] 王明芳,胡斌,蒋海飞,等. 花岗岩剪切流变力学特性试验与模型[J]. 中南大学学报:自然科学版,2014,45(9):3111-3120.

[43] 翟明磊,郭保华,李冰洋,等. 岩石节理分级剪切加载-蠕变-卸载的能量与变形特征[J]. 岩土力学,2018,39(8):2865-2872,2885.

[44] 范秋雁,张波,李先. 不同膨胀状态下膨胀岩剪切蠕变试验研究[J]. 岩石力学与工程学报,2016,35(S2): 3734-3746.

[45] WANG R B, XU W Y, WANG W,et al. A nonlinear creep damage model for brittle rocks based on time-dependent damage[J]. European Journal of Environmental and Civil Engineering,2013,17(supl.1):s111-s125.

[46] CAO P, WEN Y D, WANG, Y X,et al. Study on nonlinear damage creep constitutive model for high-stress soft rock[J]. Environmental Earth Sciences,2016, 75(10):900.

[47] 赵同彬,谭云亮,刘姗姗,等. 加锚岩体流变特性及锚固控制机制分析[J]. 岩土力学,2012,33(6):1730-1734.

[48] 伍国军. 地下工程锚固时效性及可靠性研究[D]. 武汉:中国科学院研究生院(武汉

岩土力学研究所),2009.

[49] 曹平,黄磊,陈瑜,等.考虑节理影响的岩体非线性流变模型[J].中南大学学报:自然科学版,2018,49(2):401-406.

[50] 林永生,何吉,陈胜宏.加锚节理岩体流变模型及数值模拟[J].岩石力学与工程学报,2014,33(2):3446-3455.

[51] 佘成学,孙辅庭.节理岩体黏弹塑性流变破坏模型研究[J].岩石力学与工程学报,2013,32(2):231-238.

[52] 陈胜宏,Peter EGGER,熊文林.加锚节理岩体流变模型及三维弹粘塑性有限元分析[J].水利学报,1998(9):42-48.

[53] 陈安敏,顾金才,沈俊,等.软岩加固中锚索张拉吨位随时间变化规律的模型试验研究[J].岩石力学与工程学报,2002,21(2):251-256.

[54] 叶惠飞.锚索预应力损失变化规律分析[D].杭州:浙江大学,2004.

[55] 覃正刚.高强预应力锚杆的锚固机理及时效性分析[D].武汉:中国科学院研究生院(武汉岩土力学研究所),2007.

[56] 李英勇,王梦恕,张顶立,等.锚索预应力变化影响因素及模型研究[J].岩石力学与工程学报,2008(S1):3140-3146.

[57] 朱晗迓,尚岳全,陆锡铭,等.锚索预应力长期损失与坡体蠕变耦合分析[J].岩土工程学报,2005,27(4):464-467.

[58] 王清标,张聪,王辉,等.预应力锚索锚固力损失与岩土体蠕变耦合效应研究[J].岩土力学,2014,35(8):2150-2156,2162.

[59] 王克忠,吴慧,赵宇飞.深部地下厂房锚索预应力损失与岩体蠕变耦合分析[J].岩石力学与工程学报,2018,37(6):1481-1488.

[60] 谢璨,李树忱,李术才,等.渗透作用下土体蠕变与锚索锚固力损失特性研究[J].岩土力学,2017,38(8):2313-2321,2334.

[61] 陈新,李东威,王莉贤,等.单轴压缩下节理间距和倾角对岩体模拟试件强度和变形的影响研究[J].岩土工程学报,2014,36(12):2236-2245.

[62] 张志镇,高峰.岩石变形破坏过程中的能量演化机制[D].徐州:中国矿业大学,2013.

[63] 谢和平,鞠杨,黎立云.基于能量耗散与释放原理的岩石强度与整体破坏准则[J].岩石力学与工程学报,2005,24(17):3003-3010.

[64] 陈颙. 声发射技术在岩石力学研究中的应用[J]. 地球物理学报,1977(4):312-322.

[65] 袁振明,马羽宽,何泽云. 声发射技术及其应用[M]. 北京:机械工业出版社, 1985.

[66] 尹祥础,刘月. 加卸载响应比——地震预测与力学的交叉[J]. 力学进展,2013,43(6):555-580.

[67] TANG C A,TANG S B,GONG B,et al. Discontinuous deformation and displacement analysis;From continuous to discontinuous[J]. Science China:Technological Sciences,2015,58(9):1567-1574.

[68] 张乐文,汪稔. 岩土锚固理论研究之现状[J]. 岩土力学,2002,23(5):627-631.

[69] CHEN S H,PANDE G N. Rheological model and finite element analysis of jointed rock masses reinforced by passive,fully-grouted bolts[J]. International Journal of Rock Mechanics and Mining Sciences and Geomechanics Abstracts,1994,31(3):273-277.

[70] CHEN S H,EGGER P. Three-dimensional elasto-visco-plastic finite element analysis of reinforced rock masses and its application[J]. International Journal for Numerical and Analytical Methods in Geomechanics,1999,23(1):61-78.

[71] SHARMA K G,PANDE G N. Stability of rock masses reinforced by passive, fully-grouted rock bolts[J]. International Journal of Rock Mechanics and Mining Sciences and Geomechanics Abstracts,1988,25(5): 273-285.

[72] RAYNAUD S, FABRE D, MAZEROLLE F. Analysis of the internal structure of rocks and characterization of mechanical deformation by a non-destructive method: X-ray tomodensitometry[J]. Tectonophysics, 1989, 159(1-2): 149-159.

[73] 付裕,陈新,冯中亮. 基于 CT 扫描的煤岩裂隙特征及其对不同围压下破坏形态的影响[J]. 煤炭学报,2020,45(2):568-578.

[74] 王宇,李建林,刘锋. 坝基软弱夹层剪切蠕变及其长期强度试验研究[J]. 岩石力学与工程学报, 2013, 32(s2): 3378-3384.

[75] 孙岩,沈修志. 岩石简单剪切中的韧性变形域研究——以苏南地区盖层脆性断裂为例[J]. 中国科学:B 辑 化学 生命科学 地学,1992, (6): 650-656.

[76] NAHSHON K, HUTCHINSON J W. Modification of the Gurson Model for shear failure[J]. European Journal of Mechanics - A/Solids, 2008, 27(1): 1-17.

[77] OH C K, KIM Y J, BAEK J H. A phenomenological model of ductile fracture for API X65

steel[J]. International Journal of Mechanical Sciences, 2007, 49(12): 1399-1412.

[78] TVERGAARD V. Influence of voids on shear and instabilities under plane strain conditions [J]. International Journal of Fracture, 1981, 17(4): 389-407.

[79] 郝宪杰, 袁亮, 卢志国, 等. 考虑煤体非线性弹性力学行为的弹塑性本构模型[J]. 煤炭学报, 2017, 42(4): 896-901.

[80] CHU C C, NEEDLEMAN A. Void Nucleation Effects In Biaxially Stretched Sheets[J]. Journal of Engineering Material and Technology, 1980, 102(3): 249-256.

[81] 徐卫亚, 杨圣奇, 褚卫江. 岩石非线性黏弹塑性流变模型(河海模型)及其应用[J]. 岩石力学与工程学报, 2006, 25(3): 433-447.

[82] SWIFT H W. Plastic instability under plane stress[J]. Journal of the Mechanics and Physics of Solids, 1952, 1(1): 1-18.

[83] 田佳杰, 孙金山. 岩石蠕变效应颗粒流模拟中弹簧与黏壶参数对变形特征的影响 [J]. 安全与环境工程, 2019, 26(2): 202-206.